LA

SYLVICULTURE FRANÇAISE

ET LA

MÉTHODE DU CONTROLE

RÉPONSE A LA BROCHURE DE M. GRANDJEAN

CONSERVATEUR DES FORÊTS EN RETRAITE

PAR

A. GURNAUD

ANCIEN ÉLÈVE DE L'ÉCOLE DE NANCY

BESANÇON

IMPRIMERIE ET LITHOGRAPHIE DE PAUL JACQUIN

Grande-Rue, 14, à la Vieille-Intendance

1886

LA

SYLVICULTURE FRANÇAISE

ET LA

MÉTHODE DU CONTRÔLE

RÉPONSE A LA BROCHURE DE M. GRANDJEAN

CONSERVATEUR DES FORÊTS EN RETRAITE

PAR

A. GURNAUD

ANCIEN ÉLÈVE DE L'ÉCOLE DE NANCY

BESANÇON

IMPRIMERIE ET LITHOGRAPHIE DE PAUL JACQUIN

Grande-Rue, 14, à la Vieille-Intendance

1886

LA

SYLVICULTURE FRANÇAISE

ET LA MÉTHODE DU CONTROLE

RÉPONSE A LA BROCHURE DE M. GRANDJEAN

CONSERVATEUR DES FORÊTS EN RETRAITE

Le bulletin bibliographique de la Revue des eaux et forêts de janvier 1886 nous apprend que M. Grandjean a publié une brochure intitulée : *Questions forestières. La méthode du contrôle de M. Gurnaud.* Elle devait nous intéresser d'autant plus que M. Grandjean, conservateur des forêts du département du Jura de 1871 à 1884, a eu pendant ce temps les forêts de la commune de Syam dans son service.

Nous venons de nous la procurer. Un post-scriptum indique qu'elle était terminée lorsque parut la *Sylviculture française* [1], c'est-à-dire en 1884.

M. Grandjean nous accuse d'être hostile à l'administration des forêts, de susciter des ennemis à cette administration et d'avoir manqué d'égards envers des contradicteurs qui ont été nos collaborateurs et peut-être nos amis. Accusations de tous points mensongères, nous le prouverons, et dont le but unique est de détourner l'attention des réformes nécessaires.

Nous n'avons jamais attaqué nos collaborateurs. Tous savent, et l'Ecole n'en fait pas mystère, que la méthode d'aménagement appliquée dans les bois soumis au régime forestier est défectueuse.

---

[1] Paul Jacquin, Besançon, 1884. *La Sylviculture française.*

Nous avons trouvé le moyen d'y remédier, et après avoir inutilement appelé l'attention à ce sujet pendant plus de vingt ans, nous sommes entré en lutte, non contre des collaborateurs, mais contre de faux principes, dans l'intérêt du pays et de l'administration même à laquelle nous avons eu l'honneur d'appartenir : tel a été le but de la *Sylviculture française*.

M. Grandjean s'érige en porte-parole du parti qui s'oppose aux réformes dans l'administration forestière. Est-ce à dire que ce parti, sous couleur de réformes, n'accepterait pas la création de quelques nouveaux emplois, de nouvelles complications dans la bureaucratie ou quelques changements dans la tenue ? Non, sans doute, mais ni M. Grandjean ni ses adeptes ne sauraient s'accommoder d'une réforme de l'aménagement, parce qu'il en résulterait quelques modifications dans l'organisation du service.

Il se trompe, pour ne rien dire de plus, quand il nous rend responsable des attaques dirigées contre l'administration forestière. Nos idées sur la réforme de cette administration ont été exposées dans plusieurs écrits et tout particulièrement dans une brochure intitulée : *Le contrôle et le régime forestier*, que la Revue des eaux et forêts de janvier 1882 a reproduite. M. Grandjean sait parfaitement, nous l'avons établi à propos de la forêt de Syam [1], que toute réforme, selon nous, se résume dans la suppression de l'arbitraire en matière d'aménagement. L'administration ne serait pas atteinte, elle est assez forte pour se réorganiser elle-même dès que le contrôle aura été rendu obligatoire par la modification de l'article 15 [2] du code forestier. C'est l'arbitraire que veut conserver M. Grandjean ; il le défend, et nous le combattons.

Un procédé que nous avons employé pour étudier les variations de l'accroissement des futaies dans les massifs, par suite d'un aperçu nouveau, bien qu'il soit de la plus grande simplicité, s'est transformé en une méthode d'aménagement qui ne laisse aucune prise à l'arbitraire, ni dans la fixation de la possibilité, dont elle permet d'approcher de

---

[1] Deuxième mémoire de la commune de Syam. — J. Jacquin, Besançon, 1882.

[2] Rédaction proposée pour le nouvel art. 15 : Tous les bois et forêts du domaine de l'État sont *assujettis au contrôle du matériel* et à un aménagement réglé par des décrets *en conformité de ce contrôle*.

plus en plus en améliorant toujours la forêt, ni dans les règles du mode de traitement, qu'elle précise avec la certitude de ne jamais dépasser le but.

La réforme du régime forestier est unanimement réclamée ; les vœux des communes propriétaires de bois, les critiques auxquelles sont en butte les errements administratifs en matière de forêts, les exigences mêmes du budget, tout confirme notre allégation à cet égard. La nouvelle méthode est la base de cette réforme et de la réorganisation du service.

Est-ce un crime d'avoir découvert la méthode du contrôle et indiqué comment elle se rattache à l'ancienne méthode française, dont elle rétablit la tradition faussée et n'est en quelque sorte que le complément? Oui, sans doute, car c'est toucher à une propriété, ou du moins à ce qu'on se plaît parfois à regarder comme une propriété.

M. Grandjean imagine que nous avons imité, sans le savoir, un auteur allemand, Hundeshagen, peut-être ; il aurait mieux fait, lui-même, de consulter un autre auteur allemand, et il se serait mieux rendu compte de la valeur de ses attaques :

« ... Ce que les savants, dit Gœthe dans ses conversations, regardent
» aussi comme leur propriété, c'est ce qu'on leur a transmis et qu'ils
» ont appris à l'université. Si quelqu'un apporte du nouveau, il se
» met par cela même en opposition avec le *Credo* que depuis des
» années nous ressassons et répétons sans cesse aux autres et menace
» de renverser ce *Credo* ; alors tous les intérêts et toutes les passions
» se soulèvent contre lui, et l'on cherche par tous les moyens possibles
» à étouffer sa voix. On lutte contre lui comme on peut ; on fait
» comme si on ne l'entendait pas, comme si on ne le comprenait pas ;
» on parle de lui avec dédain, comme si ses idées ne valaient pas la
» peine d'être examinées, et c'est ainsi qu'une vérité peut très
» longtemps attendre pour se frayer son chemin. »

M. Grandjean s'est trompé, nous le prouverons, sur la méthode du contrôle et sur ses origines, mais il a défendu son *Credo* comme on le défend d'ordinaire.

Entourer le novateur d'un cercle de préventions, lui répéter, comme s'il l'ignorait, le système qu'il rectifie, ne tenir aucun compte de ses rectifications, donner une idée au moins incomplète de sa méthode, et rechercher dans ses écrits d'apparentes contradictions, c'est la tactique de notre adversaire, c'est bien la mise en scène que Gœthe a décrite avec quelques exagérations de plus donnant à la défense du *Credo* son cachet particulier.

Dans notre réplique, nous suivrons autant que possible l'ordre de la brochure de M. Grandjean.

LA SYLVICULTURE AVANT LA MÉTHODE DU CONTROLE

Rendre la forêt normale, c'est-à-dire aussi productive que possible, et en tirer un revenu soutenu par la coupe annuelle équivalente à l'accroissement du capital d'exploitation, tel est l'idéal de l'aménagement.

Mais la loi de la végétation forestière n'est pas connue, et les méthodes fondées sur la détermination de l'accroissement n'ont pas donné de bons résultats. Le mieux est de chercher une combinaison qui garantisse la conservation du capital forestier. C'est ce qu'a voulu faire l'Ecole en acceptant la méthode naturelle et la gradation des âges comme type de la forêt normale.

Il serait intéressant de rechercher comment on a pu arriver d'emblée à cette solution que M. Grandjean regarde comme définitive, bien que l'Ecole ne l'ait acceptée qu'en attendant mieux. Nous dirons seulement aujourd'hui que des descriptions inexactes ayant présenté l'ancienne méthode française dans un état d'infériorité complète, on a pu se dispenser de toute comparaison. Quelques raisonnements fondés sur des hypothèses plus ou moins vraisemblables ont suffi pour faire accepter la méthode allemande, dont on avait exagéré le mérite.

La première erreur consiste à croire qu'il y a deux anciennes méthodes françaises, le jardinage et le tire et aire, tandis qu'il n'y en a qu'une seule, le tire et aire, dont le jardinage a été le dernier mode.

Il a fallu pour cela confondre le jardinage avec la coupe extraordinaire par pieds d'arbres.

Avant l'introduction du tire et aire dans les futaies du domaine, ces forêts n'étaient soumises à aucune méthode de traitement. Les seules exploitations consistaient en coupes extraordinaires autorisées pour des besoins urgents et bien déterminés. Ces coupes se faisaient tantôt par contenance et tantôt par pieds d'arbres, bien qu'il fût défendu de les faire par pieds d'arbres, et occasionnaient la ruine des forêts.

La coupe extraordinaire n'est pas un mode de traitement, mais une dérogation au mode de traitement quand il existe, et dans les forêts du domaine, antérieurement à l'introduction du tire et aire, c'était une dérogation au principe de la défense d'exploiter.

La coupe extraordinaire par pieds d'arbres, déjà défendue par l'ordonnance de 1376, l'est encore par l'article 16 du code forestier. Elle s'est toujours faite et se fait encore aujourd'hui. Toutes les ordonnances la défendent et l'on a admis, peut-être pour les besoins de la cause, que cette interdiction continuellement renouvelée s'appliquait au jardinage.

§ 1er

LE JARDINAGE

Ni les auteurs ni la législation ne traitent du jardinage avant l'arrêt du conseil du 29 août 1730, rendu pour l'aménagement des forêts de sapins de la Franche-Comté. Cet arrêt ne parle que de l'exploitation *en jardinant :* le mot jardinage, qui en dérive évidemment, n'est venu que plus tard. Dans cette exploitation, les coupes se font par contenances égales, de proche en proche, et se renouvellent tous les dix ans. Le matériel de chaque coupe se divise en deux parties : l'une, réservée de droit, comprend tous les arbres d'un mètre de tour et au-dessous ; l'autre, tous les arbres plus forts, parmi lesquels on délivre, en raison du besoin des usagers et des ressources du peuplement, les arbres qu'il convient d'exploiter, en commençant par ceux qui dépérissent de vieillesse. Et il est spécifié dans l'arrêt que la marque sera faite en délivrance, par exception à la règle du tire et aire, qui est de marquer en réserve.

Le grand réformateur Maclot, dans son règlement de 1727 pour les forêts affectées aux salines de Salins, prescrit le même mode d'exploitation sous le nom de tire et aire. Le mot exploiter en jardinant n'est

pas encore prononcé, et la dérogation au mode de martelage du tire
et aire n'est pas spécifiée avec la même précision que dans l'arrêt
de 1730.

Telle est l'origine du jardinage, qui est bien un mode du tire et aire
dans lequel la révolution fixée pour le retour des coupes est abrégée,
le martelage en délivrance substitué au martelage en réserve, un étage
inférieur de végétation réservé de droit, et la possibilité réglée séparément pour chaque coupe et prise dans l'étage supérieur en raison
des ressources du peuplement.

Cette méthode se perfectionne rapidement.

Le mot *jardiner* apparaît dans le dictionnaire de Dumont en 1802.

« Jardiner, exploiter en jardinant, c'est procéder comme on le fait à
» l'égard des bois de sapins, où l'on n'abat les arbres que de distance en
» distance, et par éclaircissement. » Le mot jardinage n'a pas encore de
signification dans le langage forestier. Qu'était la coupe par éclaircissement? Celle dans laquelle les arbres de différents âges sont espacés
de manière à assurer le réensemencement naturel sans laisser prise
aux vents. L'arrêt du conseil de 1754, rendu pour les forêts de la maî-
trise de Quillan, en fait foi.

C'est avec Baudrillard qu'apparaît le mot jardinage. Il le définit
ainsi : « En terme forestier, ce mot désigne un mode d'exploitation qui
est l'opposé du tire et aire. »

Cette définition est inexacte, fausse la tradition de la méthode française et donne naissance à la confusion qui s'est continuellement reproduite depuis. M. Grandjean la reproduit encore, bien qu'il ait connaissance de la *Sylviculture française* [1], dans laquelle nous avons signalé
cette erreur.

Baudrillart, volontaire de 1791, attaché à l'administration en 1795,
employé successivement jusqu'en 1801 dans les armées de Sambre-et-
Meuse, de Mayence, du Danube et du Rhin, fut admis en 1802 dans
l'administration forestière. Il traduisit en 1805 l'instruction de Hartig
sur la culture du bois et « chercha, c'est lui qui parle, à démontrer
» que le mode d'exploitation en jardinant, même pour les arbres ré-
» sineux, était vicieux, et qu'il devait faire place au mode d'exploitation

[1] Déjà citée.

» par éclaircies, qui est bien différent quant à la manière dont il s'exé-
» cute et quant aux résultats. »

La question était évidemment litigieuse entre les praticiens, comme
elle l'est encore aujourd'hui. Convaincu de la supériorité de la méthode de Hartig, Baudrillart voulait la faire adopter. Or le jardinage
était devenu la coupe par éclaircissement, c'est-à-dire la coupe de
régénération dans le peuplement d'âges mélangés, se renouvelant avec
la régularité qu'apporte, dans l'exploitation des forêts, le tire et aire,
et, ne se bornant plus aux futaies d'essences feuillues, cette coupe
s'étendait enfin aux forêts résineuses, laissées jusqu'à ce moment sous
le régime de la coupe extraordinaire. Il aurait fallu, pour faire
admettre la méthode allemande, prouver ce qu'avait éludé Hartig [1],
savoir : que la forêt d'âge gradué est plus productive que la forêt
d'âges mélangés, et que la coupe de régénération y réussit mieux que
dans celle-ci.

En confondant le jardinage avec la coupe extraordinaire par pieds
d'arbres, toute comparaison était évitée. Il ne restait plus qu'à se
débarrasser du tire et aire primitif, et l'on y parvint par le même
procédé de définition inexacte.

§ 2

LE TIRE ET AIRE

Le tire et aire est la méthode des coupes par contenance assises
de proche en proche et sans interruption. Il s'applique au taillis
simple, au taillis composé et à la futaie pleine. Déjà prescrit par
l'ordonnance de 1376, il ne fut introduit dans les futaies pleines
que deux siècles plus tard, par l'ordonnance de 1573.

Dans le tire et aire, la révolution fixée pour le retour des coupes
est le nombre d'années nécessaire au rétablissement du matériel
enlevé par l'exploitation. Elle peut être prise arbitrairement ; dès
qu'elle atteint vingt-cinq ou trente ans, la forêt est réputée futaie ;

[1] *Sylviculture française*, page 16, o. c.

si elle est longue, la coupe doit être plus forte : c'est le défaut dans lequel on est tombé au début.

Avec les longues révolutions, le massif est entamé par les coupes, les réserves sont renversées par le vent, on cesse d'en faire. Le tire et aire devient la méthode des coupes rases de proche en proche, il perd son caractère, et la révolution qu'il est encore nécessaire d'allonger devient le terme d'exploitabilité de la méthode allemande, avec lequel M. Grandjean la confond en principe, ce qui est une erreur.

Avec les courtes révolutions, le massif est d'autant moins entamé que l'on revient plus souvent avec la coupe, chaque exploitation est une culture au lieu d'être une fatigue pour le peuplement, la végétation est active, l'accroissement considérable, et le capital d'exploitation aussi élevé que possible.

Le chiffre de dix arbres par arpent, soit vingt par hectare, n'était pas limitatif [1]. Le tire et aire comportait des coupes de régénération et des coupes d'amélioration. La demi-futaie était la coupe d'ensemencement faite au milieu de la révolution par l'exploitation de moitié du matériel. La futaie au tiers ou au quart comportait l'exploitation des deux tiers ou des trois quarts de la jeune futaie, et, avec les réserves des révolutions précédentes, constituait l'éclaircie dans les peuplements d'âges mélangés. Enfin le jardinage, qui abaissait la révolution au-dessous de celle de la futaie feuillue, était, on l'a vu, la coupe par éclaircissement, c'est-à-dire d'éclaircie et de régénération à la fois. La seule différence avec la méthode naturelle, à l'ordre près qui existe dans le tire et aire et n'existe pas dans la méthode naturelle, consistait en ce que, dans la forêt à tire et aire, les coupes de régénération et d'amélioration se faisaient toutes deux en même temps dans des bois d'âges mélangés, c'est-à-dire tels qu'ils viennent naturellement, tandis que dans la méthode naturelle, puisqu'il faut l'appeler par son nom, ces opérations se faisaient séparément et dans des massifs de bois de même âge, c'est-à-dire tels qu'on ne peut les obtenir qu'artificiellement. Il n'y avait même pas de différence entre les deux méthodes quand la révolution du tire et aire était de longue durée.

Ce que M. Grandjean répète, d'après Baudrillart, de l'interdiction du jardinage par le tire et aire est erroné, et tout ce qu'il dit des révolutions, des coupes d'amélioration ou de régénération touchant l'ancienne sylviculture, n'est qu'un mélange incohérent d'inexactitudes dont le seul but est de continuer à faire prévaloir l'idée préconçue de Baudrillart contre la sylviculture française.

En résumé, le tire et aire, qui a débuté dans les futaies du domaine en 1573, avec la révolution de cent ans, égale au tiers de la longévité de trois cents ans attribuée au chêne, a suivi deux directions opposées, selon la manière de considérer les dégâts occasionnés par le vent.

Pour les uns, ces dégâts étaient inévitables, et le tire et aire conduisait fatalement à la méthode des coupes rases de proche en proche, c'est-à-dire à l'idéal de la forêt d'âge gradué. Point n'était besoin de la méthode allemande, puisque le tire et aire, nous l'avons vu, comportait les coupes de régénération et d'amélioration sous des dénominations différentes.

Les autres ont évité les dégâts du vent en faisant les coupes moins fortes et en les renouvelant plus souvent. Par là ils sont arrivés à la méthode du jardinage, c'est-à-dire à l'idéal de la forêt d'âges mélangés, dans laquelle les coupes de régénération et d'amélioration se confondent en une seule opération, se renouvelant périodiquement avec la grande régularité qu'imprime le tire et aire à la marche des exploitations, mais à des révolutions plus courtes.

Avec une connaissance plus approfondie du tire et aire, Baudrillart, travailleur plus infatigable que judicieux, ne se serait pas passionné pour une méthode qui n'avait de naturel que le nom, et aurait évité à notre pays les pertes considérables qui résultent de l'adoption d'un aménagement vicieux. M. Grandjean, son fidèle disciple, voudrait cependant le perpétuer.

§ 3

LA MÉTHODE NATURELLE

M. Grandjean, comme il l'a fait du jardinage et du tire et aire, répète à propos de la méthode naturelle ce que Gœthe appelle le *Credo*, la doctrine administrative.

La forêt régulière est celle d'âge gradué, c'est convenu, nous le savons déjà ; mais on ne s'est jamais soucié de prouver par l'expérience qu'elle produit plus que la forêt d'âges mélangés.

L'exploitabilité étant déterminée, on fixe la possibilité, c'est-à-dire le volume que l'on peut exploiter annuellement sans porter atteinte au capital, c'est-à-dire encore l'accroissement annuel, qui est l'expression du revenu.

M. Grandjean omet de dire comment il détermine l'exploitabilité ; on conçoit son embarras. Le terme d'exploitabilité est le nombre d'années après lequel les bois sont exploitables en raison de l'emploi auquel on les destine [1].

En admettant que l'emploi auquel on destine les bois ne varie pas, il faudrait connaître l'accroissement de ces bois pour en conclure le nombre d'années pendant lequel ils doivent rester sur pied. Or, on commence par fixer ce temps, et l'on veut en conclure l'accroissement. L'embarras qu'éprouve M. Grandjean à dire comment il détermine le terme d'exploitabilité s'explique tout naturellement.

Une fois ce terme fixé, peu importe comment, l'embarras se renouvelle quand il s'agit d'établir le rapport soutenu, c'est-à-dire l'accroissement. On a mis de côté la donnée de l'accroissement d'où dépend le terme d'exploitabilité, on fixe celui-ci comme on peut, et il s'agit de revenir à l'accroissement.

Ainsi ramenée à son principe, la méthode naturelle de M. Grandjean aurait l'air d'une brimade ; mais avec toutes les combinaisons qui peuvent se greffer sur un arbitraire de cette force, l'aménagement se complique à volonté et devient un véritable casse-tête chinois, dont il est impossible de sortir après quelques années d'application. Alors on refait l'aménagement, pour le refaire encore un peu plus tard. S'il n'y avait que les frais d'exécution de l'aménagement à considérer, ce serait grave sans doute, mais bien peu de chose en comparaison des pertes d'accroissement. Nous savons en effet [2], et M. Grandjean le sait comme nous, que de cette manière la commune de Syam, dans sa forêt de sapins contenant actuellement 98 hectares et 30,000 mètres cubes de

[1] Brochure de M. Grandjean, pages 6 à 9.
[2] Deuxième mémoire de la commune de Syam, page 22, o. c.

matériel principal, a perdu 33,081 mètres cubes d'accroissement en 48 ans, du 1er janvier 1834 au 1er janvier 1882, et M. Grandjean le sait comme nous, puisque cette forêt a été dans son service de 1871 à 1884 : il a dû en trouver la preuve dans les trois mémoires de la commune de Syam. Il est vrai qu'il n'y a pas répondu.

Pour se débarrasser du rapport soutenu, c'est-à-dire de la détermination de l'accroissement, et entrer à pleines voiles dans le domaine de l'arbitraire, M. Grandjean dit que pendant une grande partie de notre siècle [1] on a accordé au rapport soutenu une importance excessive, aussi bien en France qu'en Allemagne ; que nos vieux forestiers, qu'il n'invoque en aucune autre circonstance, n'étaient pas aussi rigoureux ; que maintenant on se borne à l'établir pour la durée d'une période sur l'étendue d'une affectation donnant les produits principaux, et que les produits que l'on retire des autres affectations par les coupes d'amélioration sont les produits intermédiaires. Voilà, on ne peut en disconvenir, une façon commode de classer les produits et de se débarrasser de l'objet essentiel de l'aménagement, du rapport soutenu, du principe même que l'on a posé quelques lignes auparavant, et de questions d'intérêts de la plus haute gravité.

Que le particulier propriétaire d'une forêt s'affranchisse de la condition du rapport soutenu et même de toute règle en matière d'exploitation, c'est son droit, et personne n'a rien à y voir.

Mais il en est tout autrement des bois soumis au régime forestier. Il faut que l'aménagement de ces bois soit réglé d'après l'accroissement, et que par le contrôle du matériel d'exploitation, chacun puisse voir, à la simple inspection du cahier d'aménagement, de quelle manière les choses se passent. C'est bien ce qui serait arrivé à M. Grandjean pour la forêt des Eperons, non soumise cependant au régime forestier, s'il n'avait eu l'esprit obsédé d'autres préoccupations dans l'examen du cahier d'aménagement [2] que nous avons publié en prenant cette forêt pour exemple.

Pourquoi d'ailleurs s'embarrasser de la durée si longue du terme d'exploitabilité quand on considère que l'hectare, contenant au début

---

[1] Brochure de M. Grandjean, page 10.
[2] *Cahier d'aménagement pour l'application de la méthode par contenance*. J. Jacquin, Besançon, 1878.

10,000 sujets et souvent infiniment plus, n'en renferme pas beaucoup plus de 200 à ce terme, avant lequel les quatre-vingt-dix-huit centièmes des arbres ont par conséquent disparu?

La méthode du contrôle ne doit rien aux principes de Hundeshagen, ni des auteurs de la méthode par cases, ni à M. Grandjean, auquel nous n'aurions d'ailleurs demandé que de bien vouloir la comprendre, ce qui lui aurait suffi, nous en sommes persuadé, pour être juste dans ses critiques.

Le principe en est de la plus grande simplicité. En faisant des expériences sur l'accroissement des futaies dans les massifs à l'aide d'inventaires renouvelés par intervalles, nous avons remarqué que la comparaison de ces inventaires, en révélant la marche de l'accroissement, indiquait tout à la fois le temps nécessaire à la reproduction du matériel que l'on pouvait enlever par la coupe, et la manière de choisir les arbres à exploiter pour rétablir les conditions initiales de l'accroissement et même pour améliorer ces conditions.

Toutes les méthodes d'aménagement reposant sur la fixation préalable de la révolution sont arbitraires, nous l'avons démontré.

Celles qui se rattachent à la révolution telle qu'elle est entendue dans la méthode naturelle poussent l'arbitraire jusqu'aux dernières limites.

Le tire et aire atténue l'effet de l'arbitraire en raison de l'abréviation de la révolution, le jardinage en est le plus haut point de perfection.

Le contrôle, en fixant rigoureusement le moment de la coupe, sa possibilité et le choix des arbres à exploiter, devient la règle du jardinage, et supprime jusque dans les détails de l'aménagement et du traitement l'arbitraire, contre lequel les forestiers avaient échoué auparavant.

§ 4

LA MÉTHODE DE LA FUTAIE CLAIRE

M. Grandjean nous reproche de n'être pas arrivé tout d'un coup à la méthode du contrôle, d'avoir varié dans nos principes. Nous ne nous en défendons pas, le fait est parfaitement exact et même évident, puisque notre point de départ est l'enseignement de l'Ecole. M. Grandjean a pris cet enseignement comme le dernier mot de l'art, et nous, nous avons pensé que, considéré dans la lettre aussi bien que dans son esprit, cet enseignement devait être le point de départ d'études nouvelles. Nous ne sommes donc arrivé que progressivement au jardinage, non à la coupe par pied d'arbres, mais à la coupe par contenance, réglée d'après l'accroissement, et cette coupe, nous l'avons enfin reconnu, n'est autre que le jardinage, dont la tradition, glorieuse pour nos devanciers, est rétablie dans son principe et améliorée dans la pratique.

La révolution est l'origine de l'arbitraire dans la méthode naturelle, et tous nos efforts ont eu pour objet d'en abaisser la durée. Notre *Manuel* de 1870 [1] indique un moyen d'y parvenir par la méthode des réserves de même âge ou de la futaie claire, exposée sans termes techniques, ce qui offusque M. Grandjean, et donnée sans commentaires comme la meilleure méthode d'aménagement·

Précédemment nous avions publié les premiers essais de cette méthode dans les Annales forestières, en collaboration avec M. Bujon.

Elle repose sur cet aperçu, qu'en avançant d'une période la régénération dans les futaies pleines, on diminue d'autant la durée de la révolution. De cette manière, avec l'exemple du manuel (révolution de quatre-vingt-dix ans, trois périodes de trente ans et retour des coupes tous les six ans), on exploite tous les soixante ans une forêt de quatre-vingt-dix ans. La forêt se divise en deux parties d'égale contenance exploitées alternativement en coupes de régénération et en coupes d'éclaircie cinq fois tous les trente ans, par sixième chaque fois, et l'on a chaque année deux coupes, l'une de régénération et l'autre d'éclaircie. Cet aménagement, par sa simplicité, rappelle ceux de la réformation, dont il n'est d'ailleurs qu'un cas particulier avec le traitement en demi-futaie.

Cette modification à la méthode naturelle est la première que la pratique nous ait apprise. Pendant bien des années, de 1857 à 1878,

[1] *Traité forestier pratique, manuel du propriétaire de bois.* Besançon, J. Jacquin, imprimeur. — Paris. Librairie agricole, rue Jacob, 26.

elle nous a paru réaliser tous les progrès possibles en matière d'aménagement. Elle est un progrès certain, mais elle n'est pas nouvelle, et vaut moins que le jardinage.

La méthode de la futaie claire n'est autre chose que la demi-futaie du tire et aire, avec la coupe d'éclaircie à la période de six ans, dont parle Buffon pour les forêts de pins, celle à laquelle M. Grandjean fait probablement allusion à la page 7 de sa brochure, et qui a marqué les débuts de la méthode du jardinage.

Dans le post-scriptum, page 55 de sa brochure, sous ce titre : « l'expérimentation forestière en Allemagne et en Autriche, » M. Grandjean fait entendre que cette modification de la méthode naturelle est essayée en Allemagne. Avec une connaissance plus approfondie de la sylviculture en France, notre contradicteur, qui n'a sans doute pas oublié les visites des forestiers allemands dans nos forêts de l'Est avant 1870, reconnaîtrait, nous en sommes persuadé, que nous avons moins à apprendre des Allemands que ceux-ci n'ont appris de nous. Mais la littérature allemande est peut-être plus dans les goûts de M. Grandjean que celle de nos vieux forestiers, dont il n'invoque que le dédain apparent pour le rapport soutenu.

La méthode de la futaie claire peut servir à transformer les forêts d'âge gradué en forêts d'âges mélangés, mais il sera toujours plus prompt et plus avantageux d'attaquer chaque affectation simultanément d'après la méthode du jardinage réglé par le contrôle.

II

LE CONTROLE

M. Grandjean est-il plus sérieux dans ce chapitre que dans le précédent? Nullement. Après avoir décrit la méthode du contrôle sans la comprendre, on le voit partout au cours de sa brochure, il cherche à se persuader qu'elle n'a rien de nouveau, que nous l'avons composée d'emprunts divers, qu'elle ne nous sert qu'à tomber dans des inconséquences dont celles qu'il signale ne sont rien, dit-il, auprès de celles que découvriront les lecteurs qui voudront bien explorer nos diverses publications.

Une expression algébrique, $M\alpha = M'\alpha'$, extraite du premier mémoire de la commune de Syam [1], a particulièrement le don de surexciter notre contradicteur.

Mais au lieu de le suivre dans cette voie, il nous paraît préférable de présenter un nouvel exposé de la méthode du contrôle. Les choses les plus simples sont souvent les plus difficiles à vulgariser, et M. Grandjean nous en fournirait la preuve, s'il ne pouvait être soupçonné de parti pris.

Où voit-il, par exemple, de la contradiction, page 17 de sa brochure, entre les expériences rapportées parcelles 1 et 6 du cahier d'aménagement [2] et celles de notre Mémoire à l'Institut [3]? Il y a au contraire concordance parfaite. Immédiatement après la coupe, le taillis se reformant protège le sol, surtout aux expositions chaudes, et est favorable à la végétation des futaies ; mais cette action bienfaisante cesse bientôt, et une forte éclaircie ne laissant subsister que les rejets droits et de

---

[1] *Mémoire de la commune de Syam à l'appui d'un pourvoi contre l'aménagement de ses bois.* J. Jacquin, Besançon, 1867.

[2] *Cahier d'aménagement pour l'application de la méthode par contenance.* J. Jacquin, Besançon, 1878.

[3] Mémoires de l'Académie des sciences. Séance du 19 janvier 1880.

belle venue la rétablit momentanément. D'où cette conclusion de notre mémoire, que les vrais principes de la sylviculture se déduisent de cette corrélation d'accroissement entre les arbres dominants et l'étage inférieur, celui-ci agissant plus encore par sa composition que de toute autre manière.

Cette corrélation d'accroissement entre les arbres de différents âges, en raison de leur proportion et de leur arrangement dans la composition des forêts jardinées, est mise en lumière par la méthode du contrôle [1].

§ 1er

LA MÉTHODE DU CONTRÔLE

Le problème de l'aménagement n'étant résolu ni par l'enseignement de l'École ni par les auteurs que nous avons pu consulter, nous avons cherché à le résoudre nous-même. L'aperçu très simple qui nous a conduit à la méthode du contrôle est venu de nos études sur les variations de l'accroissement des futaies dans les massifs. Nous l'exposons de la manière suivante :

A la fin de chaque année, le matériel est augmenté de son accroissement pendant l'année. En représentant par M, M', M''..., M^n, le ma-

---

[1] *Citation du cahier d'aménagement*

Division 1, page 112. — Les bois feuillus déjà forts contribuent encore à la diminution d'accroissement des jeunes sapins. La végétation plus active des bois de cette catégorie, du 31 juillet 1873 au 2 avril 1875, est due au nettoiement des feuillus après la coupe de 1872.

Division 6, page 129. — A mesure que les rejets de souche se rétablissent, la végétation se ralentit dans l'étage supérieur, mais les petits bois, de même qu'ils ont été les premiers à bénéficier de la coupe des rejets, sont encore les premiers à souffrir de leur rétablissement, tandis que les grands bois, qui ont moins profité tout d'abord, résistent beaucoup mieux à leur influence.

L'expérience de la division 1, page 112, a déjà fait ressortir la promptitude avec laquelle les jeunes bois profitent de l'éclaircie des feuillus, et combien leur végétation est également disposée à se ralentir dès que le massif se reforme.

Citation du Mémoire à l'Institut

En résumé, pendant la durée de l'expérience, la fixation du carbone dans la futaie diminue à mesure que le couvert du taillis devient plus intense, et cette diminution n'est un moment interrompue qu'à la suite d'une éclaircie qui supprime les rejets obliques du taillis et ne laisse subsister que les rejets verticaux.....

tériel au début d'une suite d'années consécutives, et par α, α', α''... α^n, les taux d'accroissement correspondants, on a les relations :

$$M' = M + M\alpha = M\,(1+\alpha)$$
$$M'' = M' + M'\alpha' = M'\,(1+\alpha') = M\,(1+\alpha)\,(1+\alpha')$$

. . . .

$$M^n = M\,(1+\alpha)\,(1+\alpha')\,(1+\alpha'')\ldots(1+\alpha^{n-1}) \qquad [1]$$

Cette formule est celle de l'accroissement.

La série des accroissements $M\alpha$, $M'\alpha'$, $M''\alpha''$..... $M^n\alpha^n$ est donnée par des différences d'inventaires.

Si par exemple l'accroissement $M^n\alpha^n$ cesse d'être suffisamment rémunérateur, le moment de faire la coupe arrive à la n^o année.

Si l'accroissement correspondant à une année antérieure n' est le plus avantageux de la série, il s'agit de rétablir par la coupe le peuplement dans les conditions où il était $n-n' = \pi$ années auparavant.

Que devra être la coupe? — Equivalente à l'accroissement des π dernières années.

Comment devront être choisis les arbres de la coupe? — Dans les différentes classes d'arbres du peuplement et, pour chaque classe, en raison de sa part contributive à l'accroissement des π dernières années.

Le nombre d'années π de la période ne lie pas, en ce sens que, si au bout de la 2ᵉ période le contrôle indique qu'il y ait avantage à changer la période suivante et de la prendre de π' années, la possibilité de la 3ᵉ période sera équivalente à l'accroissement des π' dernières années.

La durée de la période pourra donc varier, mais la possibilité sera toujours équivalente à l'accroissement, le choix des arbres à exploiter se fera toujours de la même manière, et le capital forestier, d'autant plus considérable que la périodicité des coupes sera plus courte, ne sera jamais entamé.

La condition du rapport soutenu, qui est en principe le but de l'aménagement (on est d'accord sur ce point, bien qu'on le néglige dans la pratique de la méthode naturelle), s'exprime de la manière suivante :

$$M^{n-1}\alpha^{n-1} = M^n\alpha^n \qquad [2]$$

De cette formule se déduit la relation des taux d'accroissement avec la condition du rapport soutenu :

$$\alpha^n = \frac{\alpha^{n-1}}{1+\alpha^{n-1}} \qquad [3]$$

Dans ces expressions M et α varient d'année en année, M augmente tandis que α diminue. Mais il ne peut exister de loi pour exprimer d'une manière absolue la relation de ces variations. Ces variations, en effet, dépendent du nombre et de l'arrangement des arbres dans les massifs, et le temps les modifie sans cesse sous l'influence de causes inconnues.

L'art forestier ne peut être qu'une pratique essentiellement perfectible et dont le progrès dépend, non d'une loi absolue qu'on ne découvrira jamais et dont on peut se passer, mais de procédés d'investigation pour constater le phénomène de la végétation et les circonstances qui l'entourent. Le praticien doit par la coupe reproduire ces conditions et les améliorer.

De la discussion des formules [1], [2] et [3] peuvent se déduire *à priori* les conditions générales de l'accroissement des bois en massif, c'est-à-dire les principes de la méthode du contrôle. Toutefois nous ne sommes parvenu à résoudre la formule de l'accroissement qu'après avoir trouvé, par vingt années d'études sur l'accroissement des futaies dans les massifs, les principes de la méthode du contrôle tels qu'ils sont exposés dans la *Sylviculture française* [1].

Ces formules, dont la discussion nous entraînerait beaucoup trop loin, ne nous serviront qu'à l'exposé de la méthode.

Voici maintenant, abstraction faite des lenteurs, l'enchaînement des déductions par lesquelles nous sommes arrivé à la méthode.

Dans la formule de l'accroissement, la possibilité ne portant que sur les produits principaux, il ne peut s'agir que du matériel principal. La première difficulté se rencontre donc dans la définition du matériel principal. On peut juger de la confusion qui existe à cet égard par ce qu'en dit M. Grandjean à la page 11 de sa brochure.

D'après la méthode naturelle, l'affectation en tour de régénération contient le matériel principal et donne les produits principaux, et les coupes d'amélioration, qui se font dans les autres affectations, donnent les produits accessoires. Mais la coupe principale fournit des produits qui ne se distinguent pas comme qualité de ceux des coupes d'amélioration les moins estimés, et celles-ci donnent parfois des pro-

---

[1] 3e partie, chap. II, o. c.

duits qui, en raison de leurs qualités, rivalisent avec les produits les plus estimés des coupes principales.

Pour sortir de cette confusion, nous partageons la forêt en divisions bien établies sur le terrain et rapportées sur les plans, et, sur chacune de ces divisions, nous distinguons dans la végétation deux étages, la futaie et le sous-bois. La futaie comprend tous les arbres dépassant un minimum de grosseur fixé, et l'étage inférieur ou sous-bois, tous les sujets d e moindre grosseur.

Dans cette définition, il y a progrès sur l'enseignement de la méthode naturelle, mais le volume des cimes et du branchage des arbres formant le matériel principal embarrasse encore les études d'accroissement. Une expérience faite en 1861 nous vint en aide.

Il s'agissait, dans un taillis exploité à la révolution de 22 ans, avec des réserves de 44, 66 et 88 ans, de déterminer la perte de taillis occasionnée par le couvert de ces réserves. Cette expérience qui, disons-le tout de suite, renversa la proposition en montrant que la perte de revenu ne provient pas de la présence, mais de l'absence des futaies, établit que la diminution de taillis pendant la révolution est à peu près équivalente à l'augmentation de volume des cimeaux et branchages de la futaie. Ce résultat pouvait être prévu, en remarquant que, dans le taillis composé, à un mètre cube de bois de tige de futaies correspond un stère et demi de branchage et quelquefois plus, ce que tous les forestiers savent parfaitement, car c'est une donnée des tarifs dont on se sert pour l'estimation des bois sur pied.

Ce que l'on perd en bas dans le taillis, par le couvert des futaies, se retrouve donc en haut dans les cimeaux et branchages, et le matériel principal ne doit comprendre que le volume de tige des arbres de futaie. Reste à évaluer ce matériel et à constater ces évaluations de manière à pouvoir toujours y recourir et en tirer parti.

Les estimations des taxateurs les plus habiles, même restreintes au volume de tige, ne sont pas comparables entre elles, lorsqu'il s'agit de les renouveler périodiquement, dans le but d'étudier la marche de la végétation. Il faut un classement résultant d'un mesurage direct de la tige, à un point déterminé, un volume se déduisant invariablement de ce classement et un facteur de correction de ce calcul empirique.

Nous nous servons du compas forestier, sorte de compas d'épaisseur, ayant toute l'exactitude que l'on puisse exiger dans la pratique, pourvu qu'il soit bien confectionné et bien employé. Nous avons donné dans notre Manuel de 1870 [1] et dans notre Cahier d'aménagement [2], les détails de la construction et de la graduation de cet instrument, qu'un menuisier peut parfaitement exécuter. Nous avons ajouté le croquis de la griffe, accessoire obligé du compas forestier dans les opérations d'inventaires.

La graduation que nous avons adoptée est celle à la circonférence, parce qu'elle est en rapport avec les procédés de cubage du commerce, qui consistent à diminuer la circonférence moyenne de l'arbre dans une proportion telle que le cubage établi sur le restant après cette diminution donne, avec une approximation suffisante, le volume net du déchet commercial. C'est ainsi que les cubages au cinquième, au sixième, au douzième déduits, au quart sans déduction, ont été introduits dans le commerce des bois.

Au mesurage, les arbres sont classés de deux en deux décimètres, et l'on procède de la manière suivante : à la hauteur de 1m33 on fait un trait de griffe sur l'écorce pour indiquer que l'arbre a été compté et qu'il a été mesuré à ce point, puis on prend la grosseur avec le compas. Si l'arbre a plus de 0m50 et moins de 0m70, il est appelé 60, s'il a plus de 0m70 et moins de 0m90, il est appelé 80, et ainsi de suite. La classe est donc déterminée par le point intermédiaire qui est indiqué par un trait sur le compas ; si la branche mobile du compas laisse apercevoir le trait intermédiaire entre 0m60 et 0m80, l'arbre est appelé 80, si au contraire elle le couvre de manière à ce qu'il ne soit pas visible, l'arbre est appelé 60.

Les arbres réservés sont toujours mesurés de la même manière et au même point. A chaque inventaire on ajoute un trait de griffe à côté du précédent.

Les arbres exploités se mesurent et se cubent de la même manière que les arbres réservés. Après l'exploitation ils sont soumis à un nouveau mesurage donnant exactement la longueur de chaque arbre et sa grosseur en deux endroits, à 1m33 du sol et au milieu de la longueur. Le cubage ainsi obtenu, appelé volume réel, se place dans une

1-2 Op. cit.

colonne *ad hoc* réservée au cahier d'aménagement en regard du cubage au tarif, et le rapport des deux chiffres est le facteur de correction du tarif. Quand la coupe est vendue sur pied, un garde soigneux
donne l'état de tous les arbres exploités. Mais il n'est pas nécessaire
d'avoir ce relevé complet pour calculer le facteur de correction du
tarif quand il en est besoin. La vente après façonnage, qui est à tous
égards la plus avantageuse, est toujours précédée d'un mesurage complet. La détermination du facteur de correction du tarif n'est pas nécessaire pour les calculs d'accroissement.

On peut faire de mauvaises opérations avec d'excellents instruments.
Il est aussi facile et expéditif avec le compas forestier de faire une
bonne opération qu'une mauvaise, et les mesurages s'appliquant à de
grands nombres d'arbres donnent d'excellents résultats. Pour s'en
convaincre il suffit d'essayer.

M. Grandjean a indiqué un autre procédé de mesurage dont il
sera question plus loin.

La pratique nous a appris que le plus simple et le plus clair pour
les recherches est de relever au cahier d'aménagement les calepins de
comptage, en établissant pour chaque division deux comptes séparés,
l'un des arbres réservés et l'autre des arbres exploités.

La composition du cahier d'aménagement est très importante.
Depuis vingt-cinq ans que nous nous en occupons, les imprimés qu'il
comporte ont été plusieurs fois remaniés et améliorés. Admis à l'expo-
sition universelle de Paris en 1878, ce cahier a été classé, par erreur
sans doute, dans la librairie, et nos réclamations à ce sujet ont été
inutiles.

Au point où nous en sommes de cet exposé, le matériel principal
est défini, les arbres dont il se compose, mesurés, classés, cubés et
inscrits au cahier d'aménagement, et il s'agit de tirer parti des renseignements ainsi obtenus, pour fixer la possibilité et se guider dans le
choix des arbres à exploiter par la coupe.

Au début d'une période de n années, le matériel principal est M, à
la fin de cette période il est M^n, et pendant sa durée on a exploité une
quantité K. L'accroissement est par conséquent $M^n - M + K = A$ et
comprend le matériel des arbres passés à la futaie pendant cette période. Nous prenons ce chiffre A pour possibilité totale de la période

suivante de n années comme la précédente, et la coupe annuelle est $\frac{A}{n}$. On peut évidemment changer la durée de la période et l'on voit, sans explication, ce qu'il y aurait à faire dans ce cas.

L'accroissement total de la forêt, A, se compose de la somme des accroissements particuliers à chaque division dont le nombre est p. On a par conséquent : $A = a_1 + a_2 + \dots + a_p$. Les coupes reviennent dans le même ordre qu'à la période précédente et contribuent à la possibilité totale de la nouvelle période respectivement pour a_1, $a_2 \dots a_p$. On opère de la même manière à chaque période.

Si la forêt se compose de dix coupes identiques, il suffira, pour obtenir le rapport soutenu à la période de dix ans, d'exploiter une coupe chaque année, de marteler chaque fois de la même manière et de revenir toujours dans le même ordre.

Les forêts ne présentent généralement pas cette uniformité, et pour arriver au rapport soutenu, le nombre des divisions doit être plus grand que celui des années de la période. Les exploitations se renouvellent toujours dans le même ordre, et l'on prend chaque année un nombre de divisions complètes tel que le total de leurs possibilités particulières soit, autant que faire se peut, égal au volume de la coupe annuelle $\frac{A}{n}$.

Dans ce dernier cas, la forêt est exploitée par contenances inversement proportionnelles à la fertilité et par coupes d'égal volume. Ajoutons qu'il n'y a pas d'autre moyen d'établir les coupes par contenances inversement proportionnelles à la fertilité. La fertilité n'est pas une abstraction que l'on puisse saisir, comme on n'est que trop souvent disposé à l'admettre, mais bien une résultante de causes inconnues, sans cesse agissantes et se traduisant dans l'accroissement.

Dans quelles conditions l'accroissement s'est-il produit et comment est-il possible de rétablir ces conditions par la coupe, afin d'assurer la reproduction de ce que l'on a enlevé et par conséquent le rapport soutenu ? C'est ce qu'il nous reste à faire ressortir par les calculs d'accroissement.

La manière de faire la coupe n'est pas chose de peu d'importance. N'avons-nous pas vu dans la suite des siècles qu'il faut nécessairement considérer, dès qu'on s'occupe des questions forestières, que les futaies en défends, les futaies à tire et aire, et les futaies régulières de la méthode naturelle, sont aisément renversées par les vents, attaquées par les insectes, et rebelles à toutes prévisions ? Les forêts jardinées seules échappent à ces ravages à cause de la faible proportion de matériel qu'on enlève par la coupe : le massif n'est pas entamé ; on ne fait que l'éclaircir dans une mesure suffisante pour assurer en même temps la régénération naturelle à la surface du sol, et dans la futaie une végétation plus active par une meilleure constitution du matériel principal. C'est que dans les autres méthodes la coupe est arbitraire, et qu'elle ne peut être l'objet de prescriptions raisonnées qu'avec le jardinage.

Le matériel initial M se compose d'arbres de différentes dimensions qui se sont accrus d'année en année, et, au bout de la période n, est devenu M^n. En admettant la consistance normale du peuplement, c'est-à-dire des proportions et un arrangement d'arbres de différentes dimensions tels qu'au bout de la période n on obtienne à la fois le plus grand accroissement absolu et un taux rémunérateur avec le moins de matériel possible à l'hectare, il s'agirait de rétablir à chaque période le peuplement dans les conditions où il était dans la période précédente, et pour cela d'enlever par la coupe, dans les différentes classes du peuplement, l'équivalent de l'accroissement qui s'y est produit.

En établissant les calculs d'accroissement par catégories, nous saurons quel est l'accroissement des gros bois, des bois moyens et des petits bois, et nous connaîtrons ainsi dans quelle mesure chaque catégorie du matériel a contribué à l'accroissement et devra par conséquent contribuer à la possibilité. Remarquons que ces calculs de détail commençant par les gros bois ne peuvent porter que sur les arbres du premier comptage : les arbres passés à la futaie pendant la période n'entrent pas dans les calculs d'accroissement, et ne peuvent par conséquent les vicier. Les arbres passés à la futaie comptent dans le chiffre de la possibilité, comme on l'a vu, mais n'y entrent que pour une proportion minime. Le chiffre de possibilité est un peu plus élevé que celui du calcul de détail ; tous deux sont connus, et la différence, très faible d'ailleurs, est par conséquent connue.

Nous savons faire la coupe sans entamer le matériel d'exploitation et même de manière à le rétablir dans ses conditions normales d'accroissement. Cela ne suffit pas, car il faut non seulement que le rapport soit soutenu, mais encore qu'il soit progressif. Et cette dernière condition dépendra de la manière de choisir les arbres dans chaque classe du peuplement.

En établissant les calculs d'accroissement non plus seulement par catégories de bois gros, moyens et petits, mais par classes de deux en deux décimètres de circonférence, comme au calepin de comptage, après un certain nombre d'études de ce genre, l'expérience nous a appris cette dernière prescription de la méthode qui consiste à choisir au martelage, dans chaque catégorie du peuplement, l'arbre intermédiaire, c'est-à-dire celui qui est gêné par l'arbre immédiatement supérieur et qui gêne l'arbre immédiatement inférieur. Ce principe de l'éclaircie dans la forêt jardinée se justifie *à priori*, parce qu'il est évident que l'enlèvement de l'arbre intermédiaire a pour effet de stimuler la végétation des arbres qu'il dégage dans toutes les catégories du peuplement. C'est le contraire de ce qui se pratique dans l'éclaircie faite d'après les principes de la méthode naturelle, l'enlèvement des arbres dominés faibles et moins vigoureux a pour résultat de surexciter la lutte entre les brins les plus forts, et cette lutte est préjudiciable à l'accroissement, contrairement à l'opinion des partisans de cette méthode.

La forêt normale peut être perfectionnée, nous venons de voir comment la coupe doit être faite pour y parvenir, et, par suite, cette forêt n'est en quelque sorte qu'une hypothèse utile pour l'étude de la forêt irrégulière, celle que l'on rencontre le plus généralement.

Quel que soit l'état de la forêt, le cahier d'aménagement fait connaître M, M^n et K, par suite la possibilité totale $M^n — M + K = A$ d'où se déduit la coupe annuelle $\frac{A}{n}$. Dans la forêt irrégulière, le matériel d'exploitation est généralement insuffisant, mal réparti en bois gros, moyens et petits, et mal arrangé dans chacune de ces catégories. Ces irrégularités dans la composition des peuplements et dans l'arrangement des arbres se traduisent par des anomalies dans les taux d'accroissement. Les petits bois accuseront par exemple 5 %, et les bois moyens 10 %, tandis que les différences de taux devraient être en sens inverse. Dans les bois moyens comprenant les arbres de 1^m20, 1^m40 et 1^m60 de tour, le taux d'accroissement des arbres de

1^m20 pourra se trouver plus faible que celui des arbres de 1^m60. Les gros bois pourront présenter d'autres anomalies.

En adoptant dans cette forêt comme dans la forêt normale la coupe équivalente à l'accroissement moyen passé, lors même que le matériel est insuffisant, mal réparti et mal arrangé, on avancera toujours, et quelquefois même rapidement, vers la régularisation, parce que tout en améliorant la composition du peuplement par la manière de faire la coupe et en activant ainsi la végétation, le matériel principal augmentera encore de tout ce qu'on a négligé dans la détermination de la possibilité, savoir : le volume des arbres trop faibles au début de la période et qui passent au matériel principal pendant sa durée, et l'accroissement pour moitié de la période du matériel de la possibilité. Mais on peut améliorer plus rapidement.

En général les forêts irrégulières, excepté celles soumises à la méthode naturelle, où le contraire paraît être la règle, le taux de l'accroissement moyen est supérieur à l'intérêt de l'argent, et l'on doit profiter de cette circonstance favorable pour exploiter moins que l'accroissement. Par exemple, on trouve que l'accroissement moyen d'une forêt irrégulière se fait à raison de 7 °/₀ à la période de six ans. Le propriétaire, instruit de cette situation par le contrôle, considérant d'ailleurs le taux de 5 °/₀ comme suffisant pour le rémunérer du capital engagé dans sa forêt, pourra n'exploiter que 5 °/₀ et laisser 2 °/₀ du matériel principal. Par ce moyen, le matériel principal augmentera davantage et le capital forestier sera plus promptement reconstitué.

Tels sont les principes de la méthode du contrôle. Dans la pratique, il faut distinguer le travail de terrain du travail de cabinet, les inventaires des calculs d'accroissement.

Les inventaires sont des travaux matériels que l'on peut toujours vérifier, et que chaque garde peut faire dans son triage. Il en est de même du martelage, qui consiste à choisir et à inventorier un certain nombre d'arbres, d'après des données positives et dont on peut toujours vérifier l'exécution en temps utile, presque toujours par une simple inspection du calepin de l'opérateur.

Nous connaissons plusieurs forêts dans lesquelles les inventaires du matériel se font par les gardes avec toute l'exactitude requise et au grand avantage du service général, qui, loin d'être ainsi surchargé, est devenu meilleur sous tous les rapports.

Quant aux calculs d'accroissement d'où résultent toutes les données du traitement et de l'aménagement, ils se font au cabinet, prennent peu de temps et sont faciles dès qu'on en a la clef. Nous connaissons des employés qui les font à merveille.

Nous pouvons expliquer à présent l'expression $M\alpha = M'\alpha'$, qui n'a évidemment pas été comprise par notre contradicteur. Nous savons déjà que cette expression est celle du rapport soutenu. M. Grandjean admet en principe le rapport soutenu, mais, nous l'avons vu, il ne s'en soucie pas dans la pratique, et pour que la forêt soit normale, il lui suffit qu'elle soit traitée par la méthode naturelle. Mais cette condition n'est pas dans la formule de l'accroissement, c'est même le contraire qui en découle, et pour lui cette expression n'a plus de sens, on le voit par ce qu'elle lui inspire.

Dans la forêt normale d'après la méthode du contrôle, le rapport soutenu et l'amélioration progressive ne sont pas de vains mots. Cette forêt est partout uniformément riche en matériel, et s'améliore de période en période avec un traitement dont les règles sont nettement précisées.

Le matériel M se compose d'arbres de différentes dimensions, répartis en bois gros, moyens et petits, et dans chacune de ces catégories les arbres sont de plusieurs grosseurs et classés de deux en deux décimètres de tour. Le taux d'accroissement α n'est pas le même dans chaque classe de grosseur. Par exemple, dans les petits bois comprenant les arbres de 0^{m}60, 0^{m}80 et 1^m, il variera de 12 à 10 °/$_o$; dans les bois moyens comprenant les arbres de 1^{m}20, 1^{m}40 et 1^{m}60, il variera de 9 à 6 °/$_o$; et dans les gros bois comprenant les arbres de 1^{m}80 et plus, il variera de 5 à 3 °/$_o$, et même au-dessous. Le taux moyen, en tenant compte de la proportion du matériel de chaque classe, est de 4.5 °/$_o$ par exemple, et considéré comme rémunérateur. Veut-on faire une coupe extraordinaire? Examinons cette éventualité, qui dépend exclusivement de la volonté du propriétaire.

Dans le peuplement normal, l'expérience nous apprend, par exemple, que le matériel principal doit se composer de 0.5 gros bois, 0.3 bois moyens et 0.2 petits bois. Il existe donc dans la forêt environ moitié

du matériel principal dont le taux d'accroissement est à la limite ou
même un peu au-dessous du taux rémunérateur, mais dont la présence en forêt est nécessaire pour assurer l'accroissement absolu
le plus élevé avec les autres conditions de l'état normal. Si l'on
exploite une partie du matériel des gros bois, sans dégarnir au point
d'altérer la fertilité, et en prenant seulement parmi les arbres qui
ont le plus de valeur une proportion plus forte que celle indiquée
par le calcul de possibilité, on aura fait une coupe extraordinaire. Le
fait même de cette coupe, dont on peut préciser les conditions à l'aide
des calculs d'accroissement, constitue une sorte de fonds d'amor-
tissement pour le remboursement au capital de la forêt de l'emprunt
qu'on lui a fait par la coupe extraordinaire. Cet enlèvement de gros
bois disséminés sur toute l'étendue de la coupe aura éclairci l'étage
supérieur, et par suite facilité le passage des arbres de l'étage inférieur à la futaie et d'une classe de la futaie à la classe supérieure.
Les données du cahier d'aménagement permettent de calculer l'élévation du taux de l'accroissement déterminée par l'exploitation de la
coupe extraordinaire et, par suite, le taux de cet emprunt et le terme
de son remboursement, c'est-à-dire le temps au bout duquel le matériel normal sera rétabli, tout en fixant la possibilité des coupes sub-
séquentes d'après les prescriptions de la méthode du contrôle. Il est
évident que l'on peut abréger ce temps en ne coupant pas la totalité
de l'accroissement comme dans la forêt appauvrie dont on veut hâter
le rétablissement.

Telle est, d'après la méthode du contrôle, la théorie et la pratique
des coupes ordinaires et extraordinaires, c'est-à-dire du traitement et
de l'aménagement dans toutes les conditions que peut présenter l'exploitation d'une forêt.

Et maintenant que notre contradicteur, abandonnant la forme
agressive dans laquelle nous ne le suivons qu'avec le plus vif regret,
veuille bien prendre la peine de soumettre à la formule de l'accroissement la forêt d'âge gradué qu'il appelle régulière, et de justifier par
ce moyen les règles de culture et d'aménagement qu'il préconise,
nous nous déclarons prêt à revenir à ses principes.

Ces principes, nous les avons appris à l'Ecole forestière comme
M. Grandjean, nous les avons défendus pied à pied pendant trente ans,

et nous ne les avons abandonnés qu'après avoir rétabli par l'étude des anciens auteurs et de la législation et par vingt années d'expériences sur les variations de l'accroissement des futaies dans les massifs, les vrais principes de la sylviculture. Ce sont ceux que nous avons exposés dans notre mémoire à l'Institut, ce sont ceux mêmes de l'ancienne méthode française complétés et précisés par le contrôle.

Enfin nous n'avons formulé la méthode du contrôle dans la sylviculture française qu'après avoir vainement tenté, dans des articles de revues et d'autres publications antérieures, d'amener une discussion qui pouvait avoir, à notre avis, un tout autre caractère que celui de la brochure de M. Grandjean.

§ 2

LA FORÊT DES ÉPERONS

Pour compléter l'exposé de cette méthode, il nous reste à donner l'état récapitulatif de l'aménagement qui achève de préciser la méthode même. Cet état récemment découvert est présenté, comme le cahier d'aménagement, sur la forêt des Eperons. Il nous aidera à mettre en relief les erreurs commises par M. Grandjean dans les critiques qu'il nous adresse.

La forêt des Eperons est une propriété privée, et c'est dans cette forêt que nous avons commencé, en 1861, nos études sur les variations de l'accroissement des futaies dans les massifs.

On en a parlé déjà dans diverses publications.

ÉTAT RÉCAPITULATIF DE L'AMÉNAGEMENT

FORÊT DES EPERONS

1re période de 6 ans. — 1863-1869 .... 104 hectares

NUMÉROS	DIVISIONS Contenance	Cubes	Accroissement	1863 AGE DE COUPE	1863 Réservé	1863 Exploité	1864 AGE DE COUPE	1864 Réservé	1864 Exploité	1865 AGE DE COUPE	1865 Réservé	1865 Exploité	1866 AGE DE COUPE	1866 Réservé	1866 Exploité	1867 AGE DE COUPE	1867 Réservé	1867 Exploité	1868 AGE DE COUPE	1868 Réservé	1868 Exploité
A	13 32	1,424	1,424	4	1,424	»	5	»	»	6	»	»	7	»	»	1	»	631	2	»	»
B	6 93	956	956	20	956	»	21	»	»	22	»	»	23	»	»	1	»	349	2	»	»
C	3 93	379	379	15	379	»	16	»	»	17	»	»	18	»	»	1	»	88	2	»	483
D	17 29	2,234	2,234	20	2,234	»	1	»	726	2	»	»	3	»	»	4	»	1,035	1	»	476
E	10 66	2,877	2,877	20	2,877	»	21	»	»	21	»	»	22	»	»	1	»	»	2	»	»
F	17 29	2,781	2,781	20	2,781	»	1	»	1,107	2	»	»	3	»	2,555	4	»	»	1	»	»
G	17 29	1,267	1,267	13	1,267	»	16	»	»	17	»	»	18	»	»	1	»	417	2	»	»
H	17 29	1,080	1,080	15	1,080	»	16	»	»	17	»	»	18	»	»	1	»	561	2	»	»
104	»	12,998	12,998		12,998	»			1,833			»			»			3,081			959

Matériel principal en réserve au début de la 1re période . . 12,998mc

Matériel exploité pendant la 1re période 5,873

ÉTAT RÉCAPITULATIF DE L'AMÉNAGEMENT

FORÊT DES ÉPERONS

2ᵉ période de 6 ans. — 1869-1875

104 hectares

NUMÉROS	Contenance	Cubes	Accroissement	1869 Nbr de coupe	1869 Réservé	1869 Exploité	1870 Nbr de coupe	1870 Réservé	1870 Exploité	1871 Nbr de coupe	1871 Réservé	1871 Exploité	1872 Nbr de coupe	1872 Réservé	1872 Exploité	1873 Nbr de coupe	1873 Réservé	1873 Exploité	1874 Nbr de coupe	1874 Réservé	1874 Exploité
A	13 32	1,707	914	3	1,707	»	4	»	»	5	»	»	1	»	1,259	2	730	»	3	1,092	10
B	6 93	1,036	453	3	1,036	»	4	»	»	5	»	»	4	»	616	2	»	»	3	»	2
C	3 93	315		3	315	»	4	»	»	5	»	»	6	»	»	7	»	»	1	202	172
D	17 29	2,138	1,113	2	2,138	»	3	»	»	4	»	»	1	»	1,160	2	»	»	3	»	9
E	10 66	2,901	1,059	3	2,901	»	4	»	»	5	»	»	6	»	»	7	»	»	1	»	839
F	17 29	2,552	1,354	2	2,552	»	3	»	»	4	»	»	5	»	»	6	»	»	4	»	1,003
G	17 29	2,025	1,173	2	2,025	»	4	»	»	1	»	»	3	»	»	3	»	»	4	»	»
H	17 29	1,576	1,037	3	1,576	»	4	»	»	5	»	530	6	»	»	7	»	»	1	»	409
104	»	14,250	7,125		14,250	»		»	»		»	530		»	3,035		»	»		»	2,444

Matériel principal en réserve au 1ᵉʳ janvier 1869 . .   14,250
    exploité pendant la 1ʳᵉ période   5,873
                      20,123
Matériel principal en réserve au début de la 1ʳᵉ période   12,998
Accroissement pendant la 1ʳᵉ période . . .   7,125
       par année moyenne.   1,487.500
       par hectare   11.418
Taux de l'accroissement annuel moyen pour la 1ʳᵉ pér.   9.13 %

Matériel principal exploité pendant la 2ᵉ période. . .   6,009 mᶜ

3

ÉTAT RÉCAPITULATIF DE L'AMÉNAGEMENT

FORÊT DES ÉPERONS

3e période de 6 ans. — 1875-1884

104 hectares

NUMÉROS	DIVISIONS — Contenance	Cubes	Accroissement	1875 ÂGE DE COUPE	1875 Réservé	1875 Exploité	1876 ÂGE DE COUPE	1876 Réservé	1876 Exploité	1877 ÂGE DE COUPE	1877 Réservé	1877 Exploité	1878 ÂGE DE COUPE	1878 Réservé	1878 Exploité	1879 ÂGE DE COUPE	1879 Réservé	1879 Exploité	1880 ÂGE DE COUPE	1880 Réservé	1880 Exploité
A	13 32	1,192	734	4	1,192	»	5	»	»	6	»	»	7	1,542	»	8	»	»	9	1,612	10
B	6 93	1,499	638	4	1,199	»	5	»	»	6	»	»	7	»	»	8	»	»	1	1,470	18
C	3 93			2		»	3	2,344	»	4	»	»	5	»	»	6	»	»	9	2,160	94
D	17 29	1,913	944	4	1,913	»	3	»	»	6	»	»	7	2,940	»	8	»	»	7	2,917	181
E	10 66	2,471	409	2	2,471	»	3	1,908	»	4	»	»	5	2,676	»	6	»	»	7	2,868	95
F	17 29	2,402	853	2		»	3		»	4	»	»	5	»	»	6	»	»	6	2,296	123
G	17 29	2,380	885	1		503	2	1,853	»	3	»	»	4	2,177	»	5	»	»	1	2,199	27
H	17 29	1,763	596	2		503	3		»	4	»	»	5	»	»	6	»	»			
	104 »	13,320	5,079			503															348

Matériel principal en réserve au 1er janvier 1875 . . . 13,320
   exploité pendant la 2e période . . . 6,009
                     19,329
Matériel principal au début de la 2e période . . . 14,250
Accroissement total pendant la 2e période . . . 5,079
   par année moyenne . . . 846.500
   par hectare . . . 8.139
Taux de l'acct annuel moyen pour la 2e période . . . 5.94 %

Matériel principal exploité pendant la 3e période . . . 1,031
Matériel principal en réserve au 1er janvier 1875 . . . 13,320
   exploité pendant les 2 1res périodes . . . 11,882
                     25,202
                     12,998
Matériel principal au début de l'aménagement . . . 12,204
Accroissement total pour les 2 1res périodes . . . 1,017.
   moyen par hectare . . . 9.778
Taux de l'acct annuel moyen pour les 2 1res périodes . . . 7.82 %

ÉTAT RÉCAPITULATIF DE L'AMÉNAGEMENT

FORÊT DES ÉPERONS

4ᵉ période de 6 ans. — 1881-1887

104 hectares

NUMÉROS	Contenance	Cubes	Accroissement	1881			1882			1883			1884			1885			1886		
				Nᵒ de coupe	Réservé	Exploité	Nᵒ de coupe	Réservé	Exploité	Nᵒ de coupe	Réservé	Exploité	Nᵒ de coupe	Réservé	Exploité	Nᵒ de coupe	Réservé	Exploité	Nᵒ de coupe	Réservé	Exploité
A	13 32	1,698	516	10	»	60	11	»	»	12	»	»	13	»	»	14	2,173	»	1	»	395
B	6 93	1,328	347	2	»	»	3	»	»	4	»	123	1	»	31	2	1,803	»	3	»	31
C	3 93	»	409	1	»	57	2	»	»	3	»	167	4	»	»	5	2,449	»	6	»	»
D	17 29	2,228	732	7	»	»	8	»	»	1	»	»	2	»	122	3	3,323	2	4	»	»
E	10 66	3,042	601	8	»	»	9	»	»	10	»	»	1	»	59	2	3,314	»	3	»	»
F	17 29	2,908	757	11	»	»	12	»	»	13	»	»	1	»	»	2	2,833	»	3	»	»
G	17 29	2,311	556	4	»	146	2	»	76	3	»	»	4	»	»	5	2,826	8	6	»	»
H	17 29	2,292																			
104	»	16,207	3,938			263			76			290			212			10			426

Matériel principal en réserve au début de la 4ᵉ période 16,207
exploité pendant la 3ᵉ période 1,051
17,258
13,320

Matériel principal en réserve au début de la 3ᵉ période
Accroissement total pendant la 3ᵉ période 3,938
— par année, moyen 656.33
— par hectare 6.310
Taux de l'accroissement annuel moyen pour la 3ᵉ pér. . . . . 4.93 %

Matériel principal exploité pendant la 4ᵉ période 1,277
Matériel principal en réserve au début de la 4ᵉ période 16,207
exploité pendant les 3 1ʳᵉˢ périodes 12,933
29,140
12,998

Matériel principal en réserve au début de l'aménagement
Accroissement total pendant les 3 1ʳᵉˢ périodes . . 16,142
annuel moyen . . . 896,777
par hectare . . . 8,623
Taux de l'accroissement annuel moyen pour les 3 1ʳᵉˢ périodes 6.91 %

D'après les derniers comptages et les données de l'accroissement moyen passé, le matériel en nombre rond sera au 1ᵉʳ janvier 1887 de 20,000ᵐᶜ, l'accroissement de la 4ᵉ période 4,618ᵐᶜ en augmentation de 700ᵐᶜ sur celui de la période précédente.

Plié en deux et fixé sur onglet, l'état récapitulatif de l'aménagement d'in-8° devient in-16, se réduit ainsi au format du calepin de poche et contient dans un feuillet pour chaque période les renseignements sommaires par division et par année, dont le détail se trouve au cahier d'aménagement.

Sous l'en-tête *division* contenant quatre colonnes, sont indiqués pour chaque division, le numéro, la contenance, le matériel au début de la nouvelle période et l'accroissement pendant la période écoulée.

Les en-têtes des années de la période contiennent chacun trois colonnes : *âge de coupe*; c'est-à-dire nombre des années écoulées depuis la dernière exploitation; *réservé*, inventaire du matériel réservé ; *exploité*, inventaire du matériel exploité. Ces deux dernières colonnes ne se remplissent que s'il y a eu des opérations faites dans l'année.

Ce petit état est le *vade-mecum* du propriétaire et du forestier, et il est facile de comprendre son utilité dans une grande administration. Tout l'aménagement y est résumé. Il permet de suivre le capital forestier non seulement dans son ensemble, mais par division, par période et même par année. Nous voyons, par exemple, aux Eperons :

1° Que le matériel principal
était au début de la 1re période . . . 12,998^{mc}
　　　　　　　　　2e　—　. . . 14,250
　　　　　　　　　3e　—　. . . 13,320
　　　　　　　　　4e　—　. . . 16,207
et on peut calculer qu'il
sera au début de la 5e　—　. . . 19,548

2° Que l'accroissement a
été pendant la . . . 1re période . . . 7,125 ⎫
　　　　　　　　2e　—　. . . 5,079 ⎬ 20,760^{mc}
　　　　　　　　3e　—　. . . 3,938 ⎭
et on peut calculer qu'il
aura été pendant la 4e　—　. . . 4,618

3° Que le matériel ex-
ploité a été pendant la 1re période . . . 5,873 ⎫
　　　　　　　　2e　—　. . . 6,009 ⎬ 14,210^{mc}
　　　　　　　　3e　—　. . . 1,051 ⎭
　　　　　　　　4e　—　. . . 1,277

4° Que le taux de l'ac-
croissement a été pen-
dant la . . . . . . 1re période . . .   9.13 %
                           2° — . . .   5.94 %
                           3e — . . .   4.93 %

et qu'il aura été pen-
dant la . . . . . 4e — . . .   4.82 %

5° Que l'accroissement
annuel moyen par hec-
tare a été pendant la 1re période . . .   11mc 418
                           2° — . . .   8 139
                           3° — . . .   6 310

et qu'il aura été pendant
la. . . . . . . 4e — . . .   7 400

6° Que le matériel ex-
ploité par hect. moyen
a été pendant la . . 1re période . . .   9mc 412
                           2° — . . .   9 630
                           3e — . . .   1 685
                           4° — . . .   2 046

7° Que l'augmentation du
matériel principal a été
pendant la . . . . 1re période . . .   1,252mc ⎫
Que sa diminution a été
pendant la . . . . 2° période 930mc   »   ⎬ 6,550mc
Que son augmentation a
été pendant la. . . 3" — . . .   2,887 ⎪
                           4e — . . .   3,344 ⎭

Au bout d'un certain nombre d'années, la marche de la végétation
s'accentue de telle sorte qu'on peut suppléer par le calcul du matériel, effectué sur la donnée de l'accroissement moyen passé, au
comptage d'une ou de plusieurs divisions. Les écarts seront peu
importants et se rectifieront, au plus tard, quand les divisions non
comptées à la revision arriveront en tour d'exploitation, par le
comptage qui se fait toujours à ce moment.

Cette remarque permet, dans la pratique, de différer au moment des revisions, s'il en est besoin, les comptages les moins importants, pour ne s'attacher qu'aux plus essentiels.

Par exemple, on a fait une vérification de l'aménagement des Eperons pendant l'hiver de 1884-85, et il est facile avec les inventaires de cette époque et les autres données d'accroissement que l'on possède déjà sur chaque division, par les inventaires précédents, d'établir l'état de prévision pour le 1er janvier 1887, sans recourir à un nouveau comptage. Cette manière de procéder, dans ce cas particulier, a d'autant moins d'inconvénient qu'il ne s'agit pas de faire une coupe équivalente à l'accroissement, mais bien de rester au-dessous de la possibilité pour arriver plus promptement à la reconstitution du capital forestier. Et M. Grandjean le perd complètement de vue, lorsqu'il nous reproche de ne pas nous conformer au principe du rapport soutenu dans cette forêt. L'accroissement en 24 ans a été de 20,760 mètres cubes, et on a coupé seulement 14,210 mètres cubes, l'augmentation du matériel principal est donc de 6,550 mètres cubes, soit 50 % du matériel initial, qui était de 12,998 mètres cubes.

Nous verrons tout à l'heure de quelle manière les choses se passent dans la sapinière de Syam administrée par M. Grandjean de 1871 à 1884. Occupons-nous d'abord des critiques adressées à l'aménagement des Eperons. La critique générale de manquer de suite n'est pas fondée, on l'a vu par tout ce qui précède, et il devient même de plus en plus évident que notre contradicteur n'a une connaissance bien précise ni de la forêt des Eperons ni du cahier d'aménagement, à moins toutefois qu'il ne prenne à dessein toutes choses à contresens.

Nous avons déjà vu que la prétendue contradiction qui existerait entre le cahier d'aménagement et notre mémoire à l'Institut n'existe, ainsi que les excentricités qu'il nous prête à propos de la formule $M\alpha = M'\alpha'$, que dans l'imagination de notre contradicteur.

Il nous reste à parler des calculs d'accroissement et de la rectification d'erreur de la division V du cahier d'aménagement.

Nous indiquons dans la méthode du contrôle trois sortes de calculs d'accroissement, savoir :

Le calcul de possibilité dont on ne ne retranche pas les arbres passés à la futaie pendant la période écoulée.

Le calcul d'accroissement en bloc dans lequel on tient compte des arbres passés à la futaie avec l'approximation que comporte un calcul rapide.

Et en troisième lieu le calcul de détail, duquel sont complètement exclus les arbres passés à la futaie.

M. Grandjean ne parle ni du calcul de possibilité ni du calcul de détail, et s'attache exclusivement au calcul approximatif, comme s'il était le seul que nous eussions indiqué. Après avoir insisté sur l'inexactitude d'un calcul approximatif et l'avoir fait même avec assez de vivacité, il reconnaît cependant le peu d'importance de cette critique. Nous avons donné à la troisième partie du cahier d'aménagement plusieurs exemples des trois sortes de calculs, et indiqué avec un soin tout particulier comment on doit s'y prendre dans le calcul de détail pour séparer les arbres passés à la futaie. Le calcul en bloc est plus expéditif et sera toujours utile quand on n'aura besoin que d'un renseignement sommaire, qui suffit dans beaucoup de cas.

Arrivons à la division V. Quelle que soit la valeur des griefs articulés, cette division a du moins le mérite de fournir à M. Grandjean les éléments de sa critique. Quant à la vivacité des expressions qu'il emploie, elle est en proportion du danger que la méthode du contrôle fait courir à la routine et le mécontentement de M. Grandjean ne surprendra personne.

Comme les opérations se font par division, l'état récapitulatif de l'aménagement appelle immédiatement l'attention sur les irrégularités ou les anomalies qui peuvent se présenter dans la pratique de la méthode et dont il convient de chercher l'explication. Tel est le cas de la division V, qui est la parcelle E de l'état récapitulatif. On voit tout de suite que cette division, qui a donné 1,059 mètres cubes d'accroissement en première période, n'en a plus donné que 409 en deuxième période. Ce fait a appelé notre attention et voici ce qui s'est passé à ce sujet.

Après avoir obtenu du propriétaire l'autorisation d'exposer sur la forêt des Eperons la méthode d'aménagement à laquelle il avait bien voulu s'associer dans une certaine mesure en se prêtant aux études qu'il nous avait été refusé de faire dans les bois de l'Etat, nous avons effectué plusieurs calculs d'accroissement dont nous avions pu nous dispenser jusqu'à ce moment. De ce nombre était le calcul dont il s'agit et qui ne fut exécuté qu'en 1878, pour le Cahier d'aménagement alors sous presse. Ce calcul indiquait que le taux de l'accroissement, qui était de 5.68 °/₀ dans la première période, serait tombé à 2.28 °/₀ dans la seconde, ce qui paraissait invraisemblable eu égard à l'état de la végétation de cette parcelle.

Le propriétaire immédiatement prévenu de ce résultat a bien voulu, sur notre demande, prescrire un nouveau comptage fait le 5 mars 1878 et transcrit au cahier d'aménagement. Dans cette opération il a été constaté que tous les arbres portaient bien les trois traits de griffe des trois premiers comptages au point où on les mesure chaque fois. Il n'y avait donc pas d'omission au comptage. Il fallait alors qu'une partie des produits réalisés dans cette division eût été inscrite par erreur au compte d'une autre division.

On conçoit, en effet, que l'on puisse enregistrer par erreur des produits d'une division au compte d'une autre division. Mais cette erreur n'a pas la gravité que lui attribue M. Grandjean : elle ne peut fausser le calcul général de la possibilité, puisqu'elle entre en compte, bien que sous une indication inexacte. Cette erreur, regrettable sans doute comme le sont toutes les erreurs possibles, n'avait pas non plus d'inconvénient pour la division même, car il ne s'agissait pas de faire la coupe équivalente à l'accroissement, mais, on l'a vu, de couper moins que l'accroissement. Le seul inconvénient qu'elle pût avoir était de donner une idée inexacte du taux de l'accroissement de la division V pendant la deuxième période.

Si M. Grandjean n'eût pas perdu de vue la composition du cahier d'aménagement qu'il paraît utile de rappeler ici, il se serait bien certainement aperçu que sa critique relative à la division V n'avait pas d'objet.

Le cahier d'aménagement se divise en trois parties, savoir :

1° Feuilles blanches en tête du cahier pour les renseignements statistiques ;

2° Etats imprimés pour les constatations du contrôle ;

3° Feuilles blanches à la fin du cahier, pour notes et renseignements divers.

C'est dans cette dernière partie du cahier d'aménagement que sont donnés tous les exemples de calculs, et le nombre en est considérable, puisqu'ils occupent la moitié du volume. Ce développement a paru nécessaire parce que ces calculs font ressortir le procédé de la méthode et en quelque sorte la manière de se servir de la formule de l'accroissement. La rectification dont il s'agit n'affecte aucunement le contrôle, dont les chiffres restent ce qu'ils étaient. L'erreur que nous avons admise et expliquée n'existe peut-être pas, seulement nous avons cru qu'elle existait, parce que l'accroissement de la deuxième période ne nous paraissait pas devoir être très différent de celui de la première période. Il est bien évident que l'explication que nous avons donnée ne modifie aucunement les constatations du contrôle, mais uniquement un calcul fait à titre de renseignement sur une donnée du contrôle.

Dix ans se sont écoulés depuis, et le contrôle de cette division continuant à fonctionner porte actuellement sur une durée de 24 ans, pour laquelle le taux de l'accroissement annuel moyen est de 4.19 % sans tenir compte de la rectification, et de 4.88 % en en tenant compte. Pour la deuxième période, la rectification élevait le taux de 2.28 % à 4.48 %, ce qui n'avait, on le voit, rien d'exagéré.

Faut-il ajouter que nous avons saisi avec empressement l'occasion qui se présentait pour faire ressortir dans un cas déterminé les causes d'erreurs qui peuvent se présenter dans la pratique du contrôle, et indiquer comment on peut rectifier, s'il y a lieu, les indications qui en résultent?

Enfin, le propriétaire exploitant lui-même et ne livrant ses produits qu'après les avoir débités dans ses scieries, il ne pouvait exister à son préjudice cette dissimulation de revenu que M. Grandjean regretterait si vivement de ne pouvoir attribuer qu'à l'inhabileté ou à la négligence d'un ancien collaborateur, de l'auteur de la méthode du contrôle.

M. Grandjean reproduit sur l'avenir, la qualité des bois, la conformation des arbres dans la forêt des Éperons, les conjectures erronées qui consistent à attribuer à la forêt jardinée les défauts des anciennes forêts ravagées par l'abus des coupes extraordinaires qui se faisaient le plus souvent par pieds d'arbres, et consistaient à couper tous les beaux arbres et à ne laisser que le rebut [1].

Nous verrons plus tard, au chapitre expériences, ce qu'il faut penser

---

[1] *Sylviculture française*, o. c., p. 28 et *passim*.

des prétendues contradictions signalées dans les résultats de nos expériences.

En définitive, que s'est-il passé et que signifient les critiques de M. Grandjean sur la forêt des Eperons ?

Le propriétaire de cette forêt a bien voulu se prêter à des études qui ne pouvaient être entreprises dans les bois de l'Etat. Ces études ont abouti à des constatations d'accroissement dont il devenait possible de se servir pour régler l'aménagement et le traitement de la forêt des Eperons d'une manière rationnelle. Au bout de quelques années il devint évident que les constatations de ce genre pouvaient être organisées pratiquement dans toutes sortes de forêts, qu'elles pouvaient servir à la détermination positive et pratique de l'accroissement et par suite à la réforme de la méthode naturelle. L'école forestière, on l'a vu, ne considère pas la méthode naturelle comme parfaite, et ne l'a adoptée en quelque sorte qu'à titre provisoire, tant que la loi de la végétation forestière ne sera pas connue ou seulement que l'on n'aura pas trouvé un moyen pratique de fonder l'aménagement sur la détermination positive de l'accroissement.

La méthode du contrôle est, selon nous, ce moyen pratique exposé sur la forêt des Eperons dans le cahier d'aménagement.

M. Grandjean critique à la fois la méthode et l'application qui en est faite à la forêt des Eperons, et nous venons de voir qu'il ne s'en est pas bien rendu compte, qu'il a confondu avec le contrôle proprement dit un calcul établi sur les données du contrôle dans le but de se rendre compte des conditions de la végétation. Cette critique, au lieu de mettre en évidence un défaut de la méthode, en fait ressortir les avantages, puisqu'elle montre que les calculs établis sur les données du contrôle indiquent les irrégularités ou les anomalies qui peuvent se présenter dans l'exploitation forestière.

Cette méthode, on le voit, consiste, à l'aide de procédés pratiques dont chacun peut se rendre compte, à inventorier le capital forestier, à déterminer son accroissement et les conditions dans lesquelles cet accroissement se produit, à renouveler tous les six ans, par exemple, ce travail qui se résume à établir :

1° Ce qu'était le capital forestier au début de la période, ce qu'il est à la fin et ce qu'il a produit pendant sa durée ;

2° Le taux de l'accroissement de ce capital dans son ensemble et dans les différentes parties dont il se compose;

3° La proportion du matériel principal à exploiter par la coupe, la manière de procéder à cette opération et les résultats que l'on peut en attendre.

L'avenir n'est engagé que pour une courte durée, sur la donnée positive de l'accroissement moyen passé. Cette donnée résulte de la constatation du capital forestier, que l'on connaît, et par conséquent que l'on est sûr de ne pas entamer et même d'améliorer en raison du mode de détermination de la possibilité et du choix des arbres à exploiter.

Enfin le forestier reste dans son rôle véritable. Au lieu de se substituer au propriétaire, il l'éclaire sur les conditions de l'exploitation et lui facilite la décision qui est l'acte essentiel de l'administrateur.

Il n'en est pas de même avec la méthode naturelle. Que se passe-t-il par exemple dans la forêt de Syam ? Le forestier déclare et le décret confirme :

1° Que la sapinière de Syam sera exploitée à la révolution de 120 ans;

2° Que cette révolution de 120 ans sera partagée en quatre périodes de 30 ans chacune et la forêt en quatre affectations correspondantes ;

3° Que chaque affectation successivement fournira pendant 30 ans les produits principaux à raison du trentième chaque année de leur matériel respectif;

4° Que les trois autres affectations seront soumises à des coupes d'amélioration et fourniront les produits accessoires dont la nature et le montant ne sont pas autrement déterminés;

5° Que, moyennant cela, le capital forestier dont on ne fait point d'inventaire ne sera pas entamé, et que la commune retirera de sa forêt tout le revenu possible.

Cette manière de procéder, dont nous verrons tout à l'heure les conséquences, est absolument empirique; le forestier n'est pas tenu de soumettre l'aménagement au contrôle et peut même refuser d'en faire l'inventaire lorsque le propriétaire le demande et offre de pourvoir aux frais.

La difficulté de comprendre la méthode du contrôle vient de la différence radicale qui existe entre celle-ci et la méthode naturelle. Le forestier, par la méthode naturelle, se trouve en quelque sorte dans la nécessité de prédire l'avenir pour une longue suite d'années, en s'appuyant sur des conceptions imaginaires dont il n'a pas à rendre raison et dont les conséquences doivent être acceptées *à priori*, et en quelque sorte comme des bienfaits. Il en résulte pour lui l'obligation de pontifier, si l'on peut caractériser par ce néologisme le vice de la doctrine officielle. Une telle nécessité engendre des principes administratifs que les forestiers réprouvent individuellement, mais soutiennent sans réserve au nom de l'esprit de corps. Tout est contradiction dans le régime forestier avec la méthode naturelle.

Tel est, croyons-nous, le véritable caractère de la lutte actuelle et la source des griefs adressés par M. Grandjean à la méthode du contrôle et aux études dont elle est l'objet dans la forêt des Eperons.

M. Grandjean cherche dans ces études des principes absolus, s'irrite de ne pas en trouver, prend les variations de l'accroissement pour des contradictions et nie la méthode du contrôle tout en la combattant.

§ 3

LA SAPINIÈRE DE SYAM

Si l'utilité de la méthode du contrôle avait besoin d'être démontrée, il suffirait de retracer la lutte qui s'est élevée à propos de l'aménagement de la sapinière de Syam entre le service forestier et la commune propriétaire.

Cette lutte a été complètement exposée et approfondie dans les trois mémoires publiés par la commune de Syam. M. Grandjean connaît ces mémoires pour avoir eu cette forêt dans son service de 1871 à 1884.

Il n'a pas contredit ces mémoires.

Nous verrons plus loin ce que sont les études qu'il donne dans le chapitre qu'il a intitulé *contre-expérience*.

Pour le moment bornons-nous à constater que la forêt des Eperons paraît le préoccuper beaucoup plus que celle de Syam, bien que celle-ci soit soumise au régime forestier et que l'autre ne le soit pas. Peut-être pense-t-il, en attaquant l'aménagement des Eperons, se dispenser de répondre aux mémoires de la commune de Syam, sur lesquels il craint sans doute de ne pas pouvoir indéfiniment garder le silence.

Une décision ministérielle du 12 décembre 1833 fixait à 20 hectares la contenance de la sapinière de Syam et sa possibilité à 25 arbres, soit environ 100 mètres cubes.

Cette forêt fait partie d'un ensemble de 240 hectares appartenant à la commune et dans lequel le sapin se substitue naturellement aux bois feuillus. Elle augmentait chaque année d'étendue, mais la possibilité restait la même. On y coupait toujours la même quantité de bois, et la coupe ne suffisait plus à l'exploitation des arbres secs et dépérissants.

En 1856, la sapinière contenait environ 100 hectares encombrés de bois secs et dépérissants, dont la commune ne pouvait obtenir la vente comme coupe extraordinaire. C'est alors qu'elle demanda l'aménagement de ses bois, pour remplacer par un travail définitif le règlement provisoire d'exploitation établi par la décision ministérielle de 1833, lorsque la sapinière ne contenait encore que 20 hectares.

Tel est le point de départ de la lutte la plus invraisemblable qui se puisse imaginer, l'administration forestière, au nom et dans l'intérêt de la commune [1], appliquant dans la forêt de Syam un aménagement contraire aux intérêts de cette commune et même à l'intérêt général, tandis que l'autorité municipale, au nom du droit imprescriptible de propriété, ne peut obtenir ni la réforme de cet aménagement dont elle a démontré le vice, ni même des explications quelconques à ce sujet, de la part du service forestier, son mandataire.

Remarquons d'abord que si le jardinage complété par les inventaires dont la commune offrait de faire les frais avait été introduit au lieu de la méthode naturelle, ces inventaires périodiquement renouvelés auraient prévenu toute difficulté entre le service forestier et la commune, toute perte d'accroissement, et par conséquent de revenu, toute réprobation de l'opinion publique à l'égard d'une tutelle administrative si complètement détournée de son objet.

Il y a 25 ans que dure cette situation, sans qu'on puisse prévoir

[1] Selon l'expression de M. Favard de Langlade dans son rapport à la Chambre des députés sur le projet du Code forestier.

autre chose qu'une phase nouvelle dans l'évolution de la lutte. Le service forestier renonce enfin à la méthode naturelle qu'il avait imposée et accepte le jardinage. Mais il veut introduire dans l'application de cette nouvelle méthode des conditions qui en altèrent le principe et telles que si l'on parvient à faire rendre le décret d'aménagement sur cette donnée, la question arrivera au contentieux administratif, où elle portera sur l'évaluation du chiffre de la possibilité, c'est-à-dire de l'accroissement ou de l'aménagement sous sa forme la plus compliquée.

S'il s'agissait de soutenir l'intérêt de la commune, on comprendrait une administration aussi inexpugnable, mais il s'agit au contraire de le combattre, et l'on pense involontairement au sabre de M. Prudhomme.

Le projet d'aménagement est présenté à la commune en 1862. Le conseil municipal fait quelques observations, mais l'accepte. Pour le punir de ses observations le projet est modifié, et l'on retranche par ce moyen un peu plus du quart de la possibilité. Le conseil municipal proteste, mais le décret est rendu le 21 janvier 1863 et confirme la punition.

Dans cette première phase du débat, il importe de faire ressortir l'arbitraire de la révolution qui est la base de la méthode naturelle. Cette révolution, qui était fixée à 100 ans par la décision ministérielle de 1833, est portée à 120 ans dans le premier projet, celui que la commune avait accepté. Dans le second projet le service forestier propose 132 ans et calcule la possibilité sur cette donnée. Le décret diminue de 2 ans et fixe à 130 ans la révolution, mais, par une circonstance vraiment singulière, consacre le chiffre de la possibilité calculée sur 132 ans. Et cet allongement de 10 ans, qui devait porter également sur les quatre périodes de la révolution, pèse exclusivement sur la première période, qui est élevée à 40 ans, au lieu de ne l'être qu'à 32 ans 1/2.

Tant il est vrai qu'une fois engagé dans l'arbitraire on ne peut plus en sortir, et que l'irritation résultant de cette sorte de captivité de l'intelligence fausse le jugement et même le sentiment de l'équité naturelle.

Au bout de quatre ans d'application, la forêt est ravagée par le vent et la commune ne reçoit plus que des arbres avariés, des bois secs et des chablis. Le conseil municipal, considérant qu'un tel aménagement n'est pas applicable, produit alors un mémoire établissant l'existence dans sa forêt d'un matériel superflu nuisible à l'accroissement, sur lequel il a déjà fait perdre 11,344 mètres cubes pendant la durée de 35 ans qui s'est écoulée depuis la décision ministérielle de 1833. En conséquence il demande la suspension de tout aménagement jusqu'après la réalisation de ce matériel superflu qu'il propose de faire en dix ans, par deux coupes égales de cinq en cinq ans, et dont il évalue le chiffre total à 14,368 mètres cubes, ce qui représente une coupe annuelle de 1,437 mètres cubes équivalant à 4.5 °/₀ du matériel sur pied, dont l'accroissement se produisait à ce moment au taux moyen de 4.643 °/₀.

Le conseil municipal, s'appuyant sur une expérience positive, faite il y a 24 ans, et dont les prévisions se sont réalisées de tous points, demande, pour le cas où ce projet ne paraîtrait pas suffisamment justifié, qu'une expérience soit faite. Cette expérience devait consister à mettre une division dans l'état où devrait être la forêt par l'exploitation de la coupe demandée, et à compter ensuite le matériel de la réserve de cette division chaque année, pour suivre la marche de la reconstitution du capital forestier réalisé, qui devait avoir lieu au bout du temps prévu, si la demande était fondée.

Cette demande était donc fortement motivée. Ni coupe ni expérience, rien ne fut accordé, on ne fit pas même de réponse.

Une lettre de M. le directeur général des forêts, en date du 1ᵉʳ juillet 1870, à M. le préfet du Jura indique seulement, en réponse aux instances réitérées de la commune, qui, en désespoir de cause, avait demandé la distraction de ses bois du régime forestier, que *l'administration forestière est parfaitement fixée sur les méthodes d'exploitation qu'il convient d'appliquer au domaine dont la gestion lui est confiée*. Cette affirmation est celle de M. Grandjean. Elle est en désaccord avec l'Ecole, qui fait ses réserves sur la méthode d'aménagement qu'elle n'enseigne, on l'a vu, qu'à titre provisoire et en attendant mieux.

Dans le chapitre de sa brochure intitulé *contre-expérience*, M. Grandjean parle d'une expérience qu'il fit exécuter de 1875 à 1885, différente de celle que demandait la commune et dont il sera question plus loin.

Les réclamations du conseil municipal continuèrent et la punition fut levée en 1874, c'est-à-dire que l'administration abaissa la révolution de 130 ans à 120 ans, comme elle était fixée au premier projet, mais non toutefois sans faire remarquer que cette faveur n'était accordée qu'à titre provisoire, et que la prochaine révolution après celle-ci serait portée à 140 ans et probablement au delà. C'est alors que M. Grandjean entreprit l'expérience dont il sera question sous le titre de contre-expérience qu'il lui a donné.

En 1882, le conseil présenta un nouveau mémoire toujours dans le même but : réformer l'aménagement de sa forêt de sapins pour augmenter ses ressources et subvenir à des besoins urgents.

Le montant des pertes d'accroissement subies par la commune de Syam depuis la décision ministérielle de 1833, et par le fait seul de la soumission de ses bois au régime forestier, s'élevait à ce moment à 31,081 mètres cubes d'une valeur totale de 529,296 fr. [1], dont 270,480 francs du fait exclusif du décret du 21 janvier 1863, qui avait imposé l'application de la méthode naturelle dans la sapinière de Syam.

L'autorité municipale s'appuyant sur ces chiffres qui n'ont pas été contestés et qui ne sont pas contestables, attendu que l'expérience l'a prouvé et continue à le prouver tous les jours, demandait la réforme de son aménagement et même la distraction de ses bois du régime forestier.

Puis, comme les réclamations duraient depuis 20 ans, et que, sans lui contester autrement le droit de propriété sur sa forêt, on laissait ses demandes sans réponse, il lui parut intéressant de rechercher la cause d'un fait si étrange. Ce fait est l'arbitraire sous la forme la plus caractérisée, et il fallait trouver comment il pouvait avoir une existence légale.

Cette existence légale, l'arbitraire l'a bien réellement. Elle lui est implicitement conférée par l'article 15 du Code forestier qui est ainsi conçu : « Tous les bois et forêts du domaine de l'Etat sont assujettis à » un aménagement réglé par des ordonnances royales. »

---

[1] Deuxième mémoire. — J. Jacquin, o. c. page 22.

Cet article prescrit de faire les aménagements, mais sans les subordonner à la constatation du matériel forestier. Il est évident que si l'administration peut aménager les forêts sans prendre pour base de ses aménagements l'inventaire du matériel forestier, elle n'a pas de comptes à rendre à ce sujet.

Depuis ce moment, la commune ajoute à ses réclamations la demande de la réforme du régime forestier par la modification de l'article 15 du Code, qu'elle propose de rédiger de la manière suivante :

« Tous les bois et forêts du domaine de l'Etat sont assujettis *au contrôle du matériel et* à un aménagement réglé par des décrets *rendus en conformité de ce contrôle.* »

Si la commune comprenait l'importance des inventaires, c'est qu'elle s'en était servie dans la lutte, ainsi qu'on le voit par ses deux premiers mémoires.

Une pétition du conseil municipal de la commune de Syam, demandant une enquête parlementaire sur la question de l'aménagement de ses bois, n'a pas eu de suite.

A propos du budget de 1885, il a été proposé, dans un remarquable discours [1], d'adopter, pour l'aménagement des bois soumis au régime forestier, la méthode du contrôle. M. le ministre a combattu cette proposition en produisant à la tribune des renseignements inexacts sur la forêt des Eperons, et l'affaire en est restée là, à moins que le résultat n'ait été l'abandon de la méthode naturelle dans la sapinière de Syam, abandon dont il a été question ci-dessus.

Informée de cette discussion par le *Journal officiel,* la commune s'est empressée de produire son troisième mémoire, qui rectifie les renseignements inexacts, de source inconnue, donnés sur la forêt des Eperons.

Dans ce mémoire, la commune établit que pendant 22 ans, la forêt des Eperons, traitée par la méthode du contrôle, avec un matériel moitié moindre a rendu deux fois plus, dans le même temps, que la forêt de Syam, traitée par la méthode naturelle, de sorte qu'à matériel égal elle aurait rendu quatre fois plus.

[1] Séance du 4 décembre 1884.

4

La sapinière de Syam a rendu en 22 ans [1] 8,000mc

Elle aurait donc dû rendre 32,000

Perte conclue des constatations faites après 22 ans . . 24,000

Les pertes prévues d'après l'expérience de 1864, rapportée dans le 1er mémoire [2] de la commune, s'établissaient au 1er janvier 1882 de la manière suivante :

1° Pertes d'accroissement 16,905mc

2° Matériel détruit sous prétexte de coupes de régénération 4,832

3° Diminution du capital forestier au 1er janvier 1882 561

                         22,298   22,298

     Excès de la perte constatée sur la perte prévue . . 1,702mc

Il y aurait à tenir compte :

1° De trois années de pertes d'accroissement, environ, 3,000mc

2° De destruction de matériel, sous prétexte de coupes de régénération, environ. 800

                                 3,800

A retrancher. 1,702

La constatation serait inférieure à la prévision ramenée au 1er janvier 1885 de 2,098mc

Cette différence s'explique par la consistance de la forêt des Eperons, moins favorable au début de la comparaison que celle de la sapinière de Syam.

L'évaluation des pertes prévues et annoncées par la commune dans son premier mémoire de 1867 est donc justifiée par les comparaisons établies entre les forêts des Eperons et de Syam. Mais cette perte n'est pas la seule qu'éprouve la commune. Il faut encore tenir compte de la différence des taux d'accroissement.

L'expérience rapportée dans le 1er mémoire de la commune constatait que le taux de l'accroissement moyen de la sapinière de Syam

---

[1] *Troisième mémoire de Syam.* P. Jacquin, Besançon, 1885.

[2] *Premier mémoire de Syam.* J. Jacquin, Besançon, 1867.

était, au 1er janvier 1863, de. . . . .   4.643 %

Or, il résulte de la comparaison établie dans le 3e mémoire de la commune de Syam, que le taux de l'accroissement est tombé à. . . . .   1.320 %

Différence ou perte de taux d'accroissement après 22 ans d'application de la méthode naturelle. . . .   3.323 %

Si la forêt eût été traitée par la méthode du contrôle, le taux d'accroissement se serait élevé très probablement à ce qu'il est dans la forêt des Eperons, 6.770 %, c'est-à-dire qu'il aurait augmenté de. . . . .   2.127 %

Différence de taux au bout de 22 ans. . . .   5.450 %

Comme corollaire de cette expérience, on voit qu'avec le régime forestier tel qu'il est constitué par la méthode officielle d'aménagement, la culture forestière est impossible en ce sens qu'elle ne peut soutenir la concurrence industrielle, mais qu'elle peut devenir profitable avec la réforme de ce régime loyalement comprise et exécutée.

Et si l'interpellation du brillant orateur qui a fait monter le ministre à la tribune avait eu lieu à l'instigation de la commune de Syam ou provoquée par nous, ainsi que l'insinue M. Grandjean, qui aurait empêché de fournir en temps utile les notes qui ont été publiées dès que cette interpellation a été connue? La maxime de droit, *is fecit cui prodest*, n'est-elle pas plutôt la véritable explication de l'incident législatif, puisque l'affaire en est restée là en attendant la publication de la foudroyante brochure de M. Grandjean, dont le travail, dit-il page 52, était terminé à ce moment?

III

EXPÉRIENCES

On pourrait s'attendre à trouver dans ce chapitre des expériences de M. Grandjean contredisant de la bonne façon et anéantissant enfin celles que la commune de Syam a produites depuis près de 20 ans, dans les mémoires qu'elle a publiés sur l'aménagement de ses bois. Mais notre contradicteur ne fait que des contre-expériences. Nous en parlerons seulement au chapitre suivant, pour ne pas nous écarter de l'ordre suivi dans sa brochure. M. Grandjean se propose exclusivement de relever ici des contradictions et des erreurs dans nos diverses publications, et en particulier dans le cahier d'aménagement pour l'application de la méthode par contenance exposé sur la forêt des Eperons.

En homme méthodique, au moins pour la forme, notre contradicteur commence ce chapitre par un exposé de principes. C'est ce qu'il a fait déjà au commencement de sa brochure, avec des exagérations et même des inexactitudes qui se résument en affirmations pleines d'assurance et sur le mérite desquelles nous sommes fixé désormais. Nous avons vu en effet ce qu'il faut penser des principes de M. Grandjean et de ses adeptes, sur le jardinage, sur le tire et aire, sur le rapport soutenu et sur la fixation de la révolution dans la méthode naturelle. Nous savons également que penser de sa manière d'exposer la méthode du contrôle et les travaux sur lesquels elle s'appuie. Partout l'arbitraire et l'empirisme de M. Grandjean se dissimulent sous l'inintelligence et le dédain de la pratique. Il en est de même dans la suite de sa brochure, et c'est ce que nous constatons encore ici.

« Le cahier d'aménagement ne donne que les opérations faites » sur une seule forêt.... La période admise est de 6 ans. Elle est trop

» faible à notre avis.... Quand on se livre à la recherche ou à la
» démonstration d'une loi générale.... »

Ces courtes citations suffisent à prouver que M. Grandjean n'a
rien compris ni au cahier d'aménagement ni à la méthode du contrôle.

Le cahier d'aménagement est l'exposé de la méthode du contrôle
sur la forêt des Eperons, dans laquelle ont été instituées en premier
lieu les études sur les variations de l'accroissement des futaies dans
les massifs. Ces études, qui n'ont pu être entreprises dans les bois
de l'Etat, ont indiqué un aperçu nouveau sur lequel repose la
méthode du contrôle. Cet aperçu, de la plus grande simplicité,
consiste dans cette remarque, qu'en suivant la marche de l'accroissement du matériel principal sur une division ou sur toutes les
divisions d'une forêt, on peut reconnaître du même coup le moment
convenable pour faire la coupe, la proportion du matériel à enlever et
la manière de choisir les arbres à exploiter.

Quand l'accroissement cesse d'être rémunérateur, le moment de
faire la coupe est venu. On exploite l'accroissement de 5 ou 6 années
parce que la comparaison des inventaires indique qu'il n'y a pas
profit, en général, à reculer davantage l'époque du retour de la
coupe. Par les calculs du contrôle on voit dans quelle mesure les
différentes classes d'arbres de chaque division ont contribué à
l'accroissement et par conséquent doivent contribuer à la possibilité.
Enfin les indications du contrôle permettent de diriger le choix des
arbres à exploiter de manière à améliorer à chaque exploitation
nouvelle la consistance des peuplements et par suite l'accroissement
général du capital forestier et ce capital lui-même.

N'est-il pas évident que l'exposé de cette méthode peut être tout
aussi complet sur une division que sur un nombre quelconque de
divisions et même de forêts? Le grief de M. Grandjean tiré de ce que
le cahier d'aménagement ne donne que les opérations faites sur une
seule forêt est absolument sans valeur.

Rien d'empirique dans la méthode du contrôle, qui donne le moyen
de traiter chaque forêt d'après ses exigences particulières. Le cahier
d'aménagement devient bientôt une table d'expériences donnant la solution pratique de toutes les questions que peut soulever l'exploitation

de la forêt à laquelle il s'applique. C'est par le contrôle que l'on juge de l'opportunité d'une période plus ou moins longue. La seule chose que l'on puisse décider *à priori*, comme le fait M. Grandjean pour la forêt des Éperons, c'est que la période doit être aussi courte que possible. Du reste, la durée de la période n'a d'influence ni sur l'égalisation des revenus annuels ni sur la conservation du capital forestier, car on ne prend jamais que l'accroissement constaté pendant les années écoulées, soit que l'on adopte une période fixe, soit que l'on ne juge pas à propos de s'y astreindre. Le grief tiré de ce que la période de 6 ans, admise à la forêt des Éperons, paraît trop faible à notre honorable contradicteur, est donc sans plus de valeur que le précédent, à moins que la période n'ait une autre signification dans son esprit que dans la méthode du contrôle.

M. Grandjean commet également une erreur complète quand il s'imagine nous prendre sans vert à la recherche ou à la démonstration d'une loi générale. La situation est absolument différente; nous avons cru à l'existence possible de quelque loi générale, nous n'y croyons plus, et nous avons trouvé le moyen non seulement de nous passer d'une loi qui, à notre avis, n'existe pas, mais de constater d'une manière positive les faits sur lesquels cette loi devrait s'établir, si elle pouvait exister, et qu'il faudrait même constater pour l'application de l'aménagement si cette loi était connue.

Nous comprenons du reste à merveille la préoccupation de M. Grandjean, pour l'avoir eue nous-même. Il croit, comme nous l'avons cru nous-même, tant que nous sommes resté sous l'influence de l'empirisme, que toute méthode de traitement et d'aménagement ne peut être qu'empirique. L'idée qu'il soit possible de résoudre toutes les questions qui se rattachent au traitement et à l'aménagement des forêts, par un procédé pratique, certain et beaucoup plus simple qu'aucune méthode empirique, n'existe même pas dans l'esprit de M. Grandjean. C'est cette idée que nous désirerions vivement faire naître.

Loin de nous l'intention, en faisant connaître des résultats d'expérience, de nous donner, comme le suppose M. Grandjean, pour l'arbitre indispensable d'une exploitation forestière privée. Nous indiquons au contraire de quelle manière chaque propriétaire peut s'y prendre dans sa forêt, pour administrer lui-même, et sans le secours de l'empirisme, sous une forme quelconque.

Voilà pour le principe, et il est bien évident que nous n'avons pas été compris en cela par notre contradicteur. A-t-il mieux réussi dans les critiques qu'il nous adresse au point de vue de la pratique ?

Nous ne répondrons à la critique du procédé de mesurage qu'au chapitre suivant, à propos de celui dont s'est servi M. Grandjean, dans sa contre-expérience, et nous arrivons tout de suite à sa critique des calculs d'accroissement.

Nous sommes obligé de répéter qu'il y a dans la pratique de la méthode du contrôle trois sortes de calculs d'accroissement, pouvant se faire aux époques de revision et même à un moment quelconque d'une période en cours, savoir : 1º le calcul de possibilité, dans lequel on ne fait pas distraction du volume des arbres passés à la futaie ; 2º le calcul en bloc, dans lequel on en fait une distraction approximative ; 3º le calcul de détail, duquel les arbres passés à la futaie sont rigoureusement exclus.

M. Grandjean ne s'attache qu'au deuxième calcul, qui n'a d'autre but que de donner de l'accroissement une idée approximative, suffisante en beaucoup de cas. Il en fait ressortir avec une énergie amère l'inexactitude, très faible d'ailleurs, ainsi qu'il se plaît à le reconnaître avec la plus parfaite loyauté. Quand le calcul approximatif est insuffisant, on peut toujours recourir au calcul exact. Nous avons donné de ce calcul un grand nombre d'exemples très développés, et M. Grandjean omet d'en faire mention.

Nous avons expliqué au § 2 du chapitre II, que l'interprétation donnée par M. Grandjean à la rectification d'erreur de la division V des Eperons n'a et ne peut avoir le caractère qu'il lui prête, et nous n'en parlerons pas de nouveau.

M. Grandjean, continuant à prendre à partie le cahier d'aménagement avec sa verve accoutumée, s'attaque à des exemples de calculs sur des données hypothétiques, qu'il prend pour des lois d'accroissement. Il confond en cette circonstance loi et hypothèse. On a vu de plus grandes méprises. Celle-ci demande quelques explications qui nous entraînent forcément à d'inévitables répétitions.

Le cahier d'aménagement, on le sait, est l'exposé d'une méthode d'aménagement fait du consentement du propriétaire sur la forêt des Eperons. Cet exposé aurait pu se faire sur une division, mais pour lui donner plus d'ampleur et avoir l'occasion de faire ressortir et de discuter quelques résultats du contrôle, nous l'avons étendu à la forêt entière et à une durée de 18 ans.

Après avoir développé avec tout le soin possible les notions préliminaires, la composition et la tenue du cahier d'aménagement, nous avons donné un grand nombre d'exemples de calculs d'accroissement dans les diverses conditions qui peuvent se présenter. Nous avons ainsi fait ressortir que l'éducation des futaies, onéreuse avec la méthode naturelle, est profitable avec la méthode du contrôle ; qu'il y a intérêt à rétablir le matériel de la futaie dans les forêts appauvries par de trop fortes exploitations ; que l'on peut avec les données du cahier d'aménagement suivre le mouvement du capital engagé dans cette opération, et même, étant donné le montant du capital à reconstituer et le taux du placement, calculer le temps nécessaire à cette reconstitution en partant du capital actuellement existant. Nous avons pris pour exemple de ce dernier calcul la forêt des Eperons dans l'hypothèse du matériel normal fixé à 310 mètres cubes par hectare moyen, d'une coupe annuelle de 1 °/₀ du capital et d'un taux d'accroissement de 8 °/₀, le matériel actuel étant de 108 mètres cubes à l'hectare au 1ᵉʳ janvier 1878, date de ce calcul. On trouve que dans ces conditions le matériel normal serait obtenu en 18 ans, c'est-à-dire au 1ᵉʳ janvier 1896. Mais ces données n'étaient que des hypothèses, rationnelles d'ailleurs, pour arriver dans le temps le plus court possible à la reconstitution du capital forestier, ainsi que cela est formellement indiqué à la page 143 du cahier d'aménagement. Ce ne sont bien que des hypothèses, puisque le taux moyen exact, on le voit au cahier d'aménagement, est 7.43 °/₀, et que la possibilité est fixée à 2 °/₀ et non à 1 °/₀, ce dernier chiffre étant le minimum de ce que l'on devait exploiter annuellement, afin d'arriver le plus tôt possible à la reconstitution du capital forestier. Du reste, cette hypothèse n'avait rien d'invraisemblable. Le calcul a été fait en 1878, on a exploité plus que dans l'hypothèse de ce calcul, et le matériel, qui était alors de 12,000 mètres cubes, est actuellement de 20,000 mètres cubes. Il reste dix ans à parcourir jusqu'en 1896, la fertilité a augmenté, et il est probable que la prévision sera atteinte et peut-être même dépassée.

Quant au matériel normal, le chiffre fixé à 310 mètres cubes sera probablement de beaucoup dépassé.

On peut voir une autre prévision du même genre à la page 39 du cahier d'aménagement. Cette prévision, établie sur les données de ce cahier, annonçait que le matériel serait au 1er janvier 1881 de . . . . 15,210^{mc}

Il a été à cette date (voir tableau 3 intercalé dans le texte page 33) de . . . . 17,207^{mc}

$\overline{1,997^{mc}}$

Il a été exploité moins qu'il n'était prévu, soit à retrancher la différence, 1,599—1,050 . . . . . . 549^{mc}

Excès sur la prévision. . . . $\overline{\overline{1,448^{mc}}}$

Cet excès vient de ce que le taux prévu dans le calcul était de 7 % et qu'il s'est trouvé en réalité supérieur à la prévision.

Il existe par places dans certaines forêts un matériel trop considérable et par suite une forte atténuation du taux de l'accroissement. Ce taux peut ainsi tomber au-dessous de 1 %. Dans quelques places de la forêt de Syam, il était de 0.9 % au moment de l'expérience rapportée dans le 1er mémoire de la commune. Nous avons pu constater des abaissements de taux plus forts encore.

Dans l'hypothèse que nous avons faite en 1878 pour calculer le bénéfice probable de la réalisation d'un excès de matériel lorsqu'il existe, nous avons supposé le matériel à l'hectare de 1,000 mètres cubes au taux de 1 %, la réalisation de 600 mètres cubes dont le produit serait placé à 5 % et la réserve de 400 mètres cubes s'accroissant au taux de 8 %. Ces données numériques sont des hypothèses faites pour indiquer la marche du calcul. Lorsqu'on se trouvera dans le cas de faire un calcul de ce genre, on substituera les données exactes aux chiffres hypothétiques. Ces chiffres hypothétiques n'ont d'ailleurs rien d'exagéré, nous avons rencontré des massifs qui renfermaient plus de 1,000 mètres cubes à l'hectare et qui donnaient moins de 1 % d'accroissement annuel moyen. Quant à l'hypothèse d'un matériel de 400 mètres cubes à l'hectare donnant 8 %, d'accroissement annuel moyen, elle n'a, nous n'hésitons pas à l'affirmer, rien d'absolument invraisemblable dans des massifs jardinés et régularisés d'après les principes du contrôle.

Nous le répétons, les hypothèses dont il s'agit ne sont pas des lois, on a vu ce que nous pensons des lois de la végétation en matière d'aménagement, mais tout simplement des données quelconques prises pour indiquer la marche du calcul.

Après cette interprétation erronée d'exemples de calculs pris pour des lois, M. Grandjean revient à la formule $M \alpha = M' \alpha'$ qui a pour lui quelque chose de fatidique. Cette formule, suffisamment expliquée au chapitre II, ne doit plus obséder désormais l'esprit de notre contradicteur. Du reste, avec la méthode du contrôle la possibilité est progressive de période à période, sans que l'on puisse prévoir de limite à cette progression. Les calculs d'accroissement tendent à établir ce fait considérable en sylviculture, que la fertilité augmente à mesure que le matériel de la futaie devient à la fois plus considérable et mieux agencé en arbres de différents âges [1].

Quant aux contradictions que M. Grandjean croit voir dans les différences souvent très considérables des taux d'accroissement, ce ne sont en réalité que des variations de l'accroissement que la méthode permet de constater, et qui résultent d'irrégularités dans la composition des peuplements. Ces variations s'atténueront de plus en plus à mesure que l'on avancera vers la régularisation.

Ces constatations, loin d'être défavorables à la méthode, en prouvent au contraire l'efficacité.

[1] *Sylviculture française*, page 61, o. c.

IV

CONTRE-EXPÉRIENCE

Ce chapitre précède immédiatement les conclusions de la brochure et fournit avec le chapitre Ier, dont nous ne rappellerons pas le titre pour ne pas effaroucher la modestie de M. Grandjean, le fond même de la formidable bataille qu'il livre à l'expérience au nom et pour le compte de la routine administrative.

Contre-expérience! Et pourquoi ce titre? Expériences peut-être, nous saurons tout à l'heure qu'en penser. Mais contre quoi? Voilà ce que nous ne savons pas.

Rappelons d'abord les faits.

§ 1er

LA QUESTION

Il s'agit de la sapinière de Syam, dont l'aménagement d'après la méthode naturelle, prescrit par le décret du 21 janvier 1863, était devenu, on le sait, inapplicable. On a vu que la commune de Syam a produit une étude sur l'accroissement des sapins dans sa forêt, établissant l'existence d'un matériel surabondant de 14,368 mètres cubes nuisible à l'accroissement et qu'il convenait de réaliser.

Le conseil municipal demandait la suspension de l'aménagement de sa forêt jusqu'après réalisation de ce matériel surabondant, à faire en 10 ans, par deux coupes de cinq en cinq ans. La coupe annuelle devait être de 1,437 mètres cubes, et, le matériel total étant de 31,663 mètres cubes, représentait 4.537 % de ce matériel dont l'accroissement constaté était de 4.643 %.

L'expérience produite par le conseil municipal dans son mémoire de 1867 [1] prouvait que ce taux d'accroissement calculé sur les arbres d'expériences abattus dans la première coupe faite en vertu du décret du 21 janvier 1863 avait varié, sur les arbres considérés individuellement, de 0.2 °/₀ à 40 °/₀, et le matériel, qui était de 324 mètres cubes à l'hectare moyen, comprenait par places 600 mètres cubes et plus à l'hectare, sur lesquels le taux d'accroissement était au-dessous de 1 °/₀, tandis qu'ailleurs il dépassait 8 et 10 °/₀.

La coupe demandée devait porter sur le matériel surabondant, c'est-à-dire principalement dans les parties trop peuplées, dont elle aurait pour effet d'élever le taux d'accroissement et probablement le taux moyen de la forêt entière, qui était, on le sait, de 4.643 °/₀. La demande de la commune ne pouvait être taxée d'exagération, puisqu'elle se serait trouvée justifiée avec le taux de 4.537 °/₀.

La proportion à enlever par la coupe conformément au vœu de la commune était, par conséquent, de 4.5 °/₀ du matériel et pouvait, dans les parties trop peuplées, s'élever du quart au tiers de ce même matériel.

Instruite par les enseignements du passé, la commune, certaine d'être parfaitement fondée sur tous les points de sa demande, proposait, dans le cas où l'administration hésiterait à y faire droit, une expérience qui devait s'étendre à une division entière.

Le passage relatif à cette expérience, reproduit par M. Grandjean, page 33 de sa brochure, change complètement le sens de la délibération qui est reproduite in extenso, en supplément [2]. On pourrait croire avec M. Grandjean, qui ne commet encore ici qu'une simple erreur de légèreté, que la commune demandait une expérience, tandis qu'elle offrait à l'administration de s'assurer par une expérience du bien fondé de sa demande qui consistait, on le sait, à réaliser le matériel surabondant de sa forêt en 10 années, pendant lesquelles l'aménagement serait suspendu. La division E se prêtait à cette expérience. Elle contenait 3,708 mètres cubes, branchage compris, comme dans toutes les évaluations faites à cette époque. La proportion du matériel

[1] Premier mémoire de la commune de Syam.— Besançon, J. Jacquin, 1867. o. c.
[2] Voir Appendice.

à enlever en une seule fois, selon l'offre de la commune et en se conformant aux indications du mémoire, était celle de la coupe extraordinaire, soit 840 mètres cubes. La réserve de 2,868 mètres cubes aurait été mesurée et estimée immédiatement et ensuite d'année en année. Si le matériel enlevé dans la coupe avait été reproduit par l'accroissement au bout de cinq ans, la question était jugée, non seulement celle de la coupe extraordinaire demandée par la commune, mais celle du mode de traitement, infiniment plus importante, même au point de vue de la commune qui, dans cette grave affaire, n'a jamais séparé son intérêt particulier de l'intérêt général.

Le plan d'exploitation de la réalisation du matériel surabondant à faire en 10 ans par 2 coupes se renouvelant de 5 en 5 ans, est exposé à la page 55 du mémoire de 1867. La première des deux coupes quinquennales à faire dans la division E est de 936 mètres cubes au lieu de 840 dans la coupe d'expérience. Cette différence tient à ce que dans le cas de la coupe extraordinaire la division E n'arrivait en tour d'exploitation qu'à la 4ᵉ année, tandis que comme coupe d'expérience elle devait être exploitée l'année même de la demande.

Voilà ce que demandait la commune et ce qu'on lui a refusé virtuellement en 1867, en ne donnant pas suite à sa délibération.

§ 2

CE QUE CETTE QUESTION DEVIENT POUR M. GRANDJEAN

Tels sont les faits. M. Grandjean les expose autrement et commence ainsi le chapitre IV de sa brochure intitulée Contre-Expérience :
« En 1867 la commune de Syam demanda qu'une parcelle de sa
» forêt fût, à titre d'essai, exploitée d'après la méthode de M. Gurnaud.
» Puisqu'il ne s'agissait que d'une expérience, il eût peut-être été
» plus simple de s'entendre avec l'administration pour faire suivre
» les opérations de la forêt des Eperons par les agents forestiers :
» ils auraient expérimenté avec M. Gurnaud, chacun faisant et con-
» signant sur le registre ses observations. L'idée ne paraît en être

» venue à personne. Toujours est-il qu'il fut convenu que des
» expériences seraient faites dans la forêt communale confor-
» mément à la demande contenue dans une délibération du conseil
» municipal.... insérée à la suite du mémoire de la commune.... Les
» événements de 1870 et 1871 retardèrent l'exécution de la con-
» vention et amenèrent la destruction du dossier d'aménagement de
» la forêt communale. Il dut être reconstitué.... »

Dans cet exposé l'inexact et l'odieux se mélangent avec art, et ce sont
encore les Allemands, ces inspirateurs de la méthode du contrôle,
d'après M. Grandjean, qui lui viennent en aide, un peu tard et incomplètement peut-être, puisque ce n'est qu'en 1870-71, et que pour le
bien de la chose ils auraient dû arriver en 1867-68, et détruire
même la délibération du conseil municipal insérée à la suite du
mémoire que la commune a eu soin de faire imprimer en 1867,
que M. Grandjean connaît et qui devait tenir lieu, nous en donnerons
la preuve, du dossier perdu.

La vérité est que l'administration ne répondant pas à la délibération
insérée au mémoire de 1867, la commune dut rappeler cette délibération par celles des 10 février, 2 mars, 3 mai et 17 mai 1868. Elle
obtint en juin de la même année la visite d'un agent forestier, membre
de la commission d'aménagement du Jura. La demande du conseil
municipal fut écartée et un arrangement proposé à la commune, qui
l'accepta par esprit de conciliation. Cet arrangement portait sur la
série de taillis dont la conversion en futaie devait être immédiatement
entreprise sur des bases déterminées, et sur la série de futaie dont
la troisième affectation, composée des divisions G, H, I, distraite
de l'aménagement pour être traitée, à titre d'expérience, par des
éclaircies renouvelées tous les 4 ans, tandis que le décret du 21 janvier
1863 continuerait à être appliqué dans le surplus de la série. L'expérience devait durer jusqu'à la fin de la période en cours, c'est-
à-dire pendant 20 ans, et au bout de ce terme, l'aménagement devait
être revisé en tenant compte des résultats constatés par des inventaires qui devaient être renouvelés de deux en deux ans.

D'après cet accord, le résultat qui aurait été obtenu au bout de
5 ans si l'on eût accepté la proposition de la commune formulée à
la suite du mémoire de 1867, ne l'aurait été qu'au bout de 20 ans ;

mais la conversion en futaie de la série de taillis entreprise immédiatement était un avantage important, et l'expérience étendue à 3 divisions au lieu d'une seule donnait immédiatement satisfaction dans une plus large mesure au vœu de la commune.

La commune, à la demande du service des aménagements, consentit à prendre l'initiative de cette nouvelle proposition dont le projet, dès qu'il fut formulé, devint, par une circonstance particulière, l'objet d'une discussion officieuse très approfondie à laquelle prirent part des professeurs de l'Ecole forestière, en ce moment en tournée avec l'Ecole, et plusieurs autres agents de l'administration. Au point de vue de l'art forestier, les conventions arrêtées entre la commune et la commission d'aménagement furent approuvées, mais la raison d'Etat prévalut. L'administration forestière ne pouvait admettre le doute sur sa méthode ni surtout l'éventualité d'un échec dans la comparaison de sa méthode et du procédé d'éclaircies demandé par la commune, ces deux modes de traitement étant simultanément appliqués dans deux parties distinctes de la même forêt.

Le fait est que l'arrangement convenu fut modifié à plusieurs reprises et que des expériences d'accroissement à faire dans la division E furent finalement acceptées par la commune, attendu qu'il ne pouvait en résulter que d'utiles indications pour la réforme d'un aménagement qui lui portait un si grand préjudice. Par sa délibération du 25 octobre 1868, la commune dut réclamer la proposition officielle qu'elle accepta par sa délibération du 12 décembre 1868, mais au bout d'un an, l'administration ne donnant pas de suite à cette affaire, la commune, par une délibération du 9 août 1869, annula celle du 12 décembre précédent, remit les choses en l'état de la délibération insérée au mémoire de 1867, et demanda la distraction de ses bois du régime forestier comme le seul moyen de faire cesser une situation préjudiciable à ses intérêts. Cette délibération restant sans réponse, le conseil municipal adressa une pétition au corps législatif en date du 12 juin 1870. C'est ensuite de cette pétition qu'intervint, à la date du 1er juillet de ladite année, la lettre de M. le Directeur général affirmant que *l'administration forestière est parfaitement fixée sur les méthodes d'exploitation qu'il convient d'appliquer au domaine dont la gestion lui a été confiée.* La délibération du 9 août 1869 et la pétition du 13 juin 1870 ont été imprimées et n'ont pas été détruites.

Tel était l'état des choses lorsque M. Grandjean arriva à la conservation des forêts du Jura : la situation était bien celle établie par la délibération insérée au mémoire de 1867.

L'exposé qu'il a fait de cette situation la présente sous un jour particulier qu'il importe de faire ressortir. Prenons à cet effet la première phrase de cet exposé : « En 1867, la commune de Syam demanda qu'une parcelle de sa forêt fût, à titre d'essai, exploitée d'après la méthode de M. Gurnaud, » et analysons :

1° « En 1867, la commune de Syam demanda.... » Tous les antécédents sont passés sous silence et il semble que l'affaire commence en 1867. Mais elle remonte plus haut, au décret du 21 janvier 1863, qui impose l'aménagement toujours repoussé, devenu inapplicable, et dont la commune demande la suspension pendant 10 ans; plus haut encore, à la première proposition d'aménagement que la commune avait acceptée avec quelques observations qui lui ont valu la punition que l'on sait; plus haut encore, à la décision ministérielle de 1833, qui fixe à 20 hectares la sapinière de Syam, bien qu'elle augmente progressivement par la substitution naturelle du sapin aux bois feuillus, et à la révolution de 100 ans, dont on ne se sert pas du reste et qui est sans objet, puisqu'on fixe la possibilité arbitrairement à 25 arbres. En définitive, l'affaire remonte à la première intervention du régime forestier dans la partie de la forêt de Syam où le sapin commence à dominer. La délibération insérée au mémoire de 1867 le dit, et M. Grandjean a cette délibération. Cette intervention administrative ne se manifeste pas autrement que par une fixation arbitraire de contenance, de révolution et de possibilité. Et cependant on n'exploite ni en raison de l'étendue ni en raison de l'âge du bois, mais bien en raison de l'accroissement qui est la mesure de la coupe annuelle, on est d'accord sur ce point, et qu'il s'agirait par conséquent de constater, ce que l'administration refuse de faire parce que la loi ne l'y contraint pas. — Ce début qui semble si naturel est perfide. Le fonctionnaire et la commune savent à quoi s'en tenir, mais le lecteur désintéressé, peu au courant de ces sortes de choses et qui est en définitive le juge du camp, est circonvenu, prédisposé à accepter tout ce qu'on pourra désormais insinuer contre la commune mineure à perpétuité et contre les défenseurs de ses droits. Il s'agit d'un cas particulier, la question générale est écartée et tous les précédents d'une affaire qui remonte, on le sait, à plus de 30 ans et à l'arbitraire érigé en principe administratif par suite d'une lacune de la loi, s'effacent complètement.

2° «.... Qu'une parcelle de sa forêt fût, à titre d'essai.... » La question générale écartée comme on vient de voir recule de plus en plus. La commune n'a nul souci de cette question générale, purement oiseuse du reste, puisque l'administration est parfaitement fixée sur les méthodes d'exploitation qu'il convient d'appliquer au domaine dont la gestion lui a été confiée. C'est à titre d'essai qu'elle demande une expérience, et pour ainsi dire comme objet de curiosité et par une sorte d'indiscrétion. Il est vraisemblable qu'une expérience se fasse à titre d'essai. Le fonctionnaire et la commune savent parfaitement que ce n'est pas ici le cas. Mais le lecteur, juge désintéressé, ne peut s'en douter, le doute serait même une injure à l'égard du fonctionnaire revêtu en cette qualité de la confiance du gouvernement, du mandat de la commune en tutelle légale et qui affirme.

3° «.... Exploitée d'après la méthode de M. Gurnaud. » La question spéciale d'une simple expérience, à titre d'essai et presque de curiosité, qui a été substituée à la question générale, est encore rapetissée et prend même un caractère nouveau pour le lecteur, naturellement porté, comme toute personne sensée, à défendre le gouvernement, ayant foi dans la parole de M. Grandjean en raison de son caractère officiel, de sa compétence, de la haute confiance qui lui est dévolue en sa qualité de tuteur de la commune mineure à perpétuité et dont les bois sont soumis au régime forestier. De quoi s'agit-il en effet? D'essayer la méthode de M. Gurnaud, de cet ancien forestier, hostile à l'administration, à ses anciens collaborateurs et même à ses amis, individualité remuante et subversive avec ses rêveries extravagantes, mais dont on a eu soin de faire, dès le début, bonne et sommaire justice.

Tout est également faux et perfide dans cet exposé. La commune est loin de repousser le principe d'autorité, seulement elle ne le place pas dans l'arbitraire. Rien n'est moins équivoque que son sentiment

5

à cet égard, partout il se manifeste dans cette lutte, et il suffit pour s'en convaincre de se reporter à son second mémoire [1].

Que veut en définitive M. Grandjean ? Maintenir l'arbitraire. Et comment y parvient-il ? Par la force. Il s'appuie encore ici sur les théories allemandes de la force et du droit.

Que veut la commune ? Faire établir l'aménagement de ses bois sur le contrôle qui, loin d'affaiblir l'administration, grandira son autorité en lui donnant sa base véritable.

§ 3

LES ERREURS DE M. GRANDJEAN

M. Grandjean fait remonter à 1867 la méthode du contrôle, inexactitude grave à plus d'un titre, et qu'il importe de relever, car la méthode du contrôle est beaucoup plus récente. Il est vrai que nous la pressentions depuis un certain nombre d'années, et que, cédant à ce pressentiment, nous avions offert, mais inutilement, d'entreprendre dans les bois de l'Etat les expériences qui devaient y conduire ; que nous avions demandé, en 1861, notre mise en disponibilité pour entreprendre ces expériences dans les bois des particuliers, et enfin qu'en 1867, l'année même indiquée par M. Grandjean, nous avions renoncé à notre position dans l'administration forestière, plutôt que de rentrer dans le rang, car, pour nous conformer à l'injonction qui nous en était faite, sous peine d'être rayé des cadres, nous aurions été forcé d'abandonner des études en bonne voie, bien qu'elles n'aient abouti à une conclusion définitive que onze ans plus tard.

Il est également inexact que la commune ait demandé une simple expérience, ainsi qu'on le prétend. La vérité est qu'en s'appuyant sur son mémoire de 1867, la commune demandait la suspension pour dix ans de l'aménagement qui lui avait été imposé, malgré ses protestations, par le décret de 1863, et qui était devenu inapplicable par suite

[1] J. Jacquin, Besançon, 1882, o. c. V. *Appendice*, p. 113, la reproduction des pages 3 et 4 de ce mémoire.

des désastres qu'il avait occasionnés. Ce mémoire prouvait qu'il existait, dans la sapinière de Syam, un matériel surabondant de 14,368 mètres cubes, que ce matériel avait fait perdre, en 30 ans, 11,344 mètres cubes sur l'accroissement auquel sa présence était un obstacle, et que le mal s'aggravait, attendu que cette perte de revenu se renouvelait en progressant d'année en année. Ce mémoire indiquait de quelle manière le matériel surabondant était engagé dans la forêt pour produire cette perte d'accroissement, et par conséquent de quelle manière il fallait en faire la coupe pour remédier au mal. Et cette coupe, la commune demandait qu'elle fût faite en 10 ans, par moitié de 5 en 5 ans [1].

La commune n'avait aucun doute ni sur l'importance de la coupe à faire, ni sur la manière de la réaliser, ni sur le résultat qu'elle devait produire dans la forêt, et le temps, ce grand maître en forêt comme ailleurs, lui a donné raison. Mais elle ajoutait que s'il pouvait rester, après les preuves qu'elle fournissait dans son mémoire, quelque doute pour l'administration ou pour ses agents, elle proposait à l'administration de faire une expérience aux dépenses de laquelle elle pourvoirait. Cette expérience devait consister à mettre une division dans l'état où se trouverait la forêt entière par la réalisation du matériel surabondant, à faire cette coupe immédiatement, à dresser, aussitôt après, l'inventaire du matériel restant, et à renouveler cet inventaire d'année en année, afin de pouvoir, par des comparaisons, se rendre compte de la marche de l'accroissement.

M. Grandjean voit très bien aujourd'hui, dans sa brochure, après les explications que nous avons fournies nous-même surabondamment, la méthode une fois reconnue, que l'expérience offerte par la commune en 1867 n'était, pour employer ses expressions, autre chose que l'application de la méthode du contrôle, restreinte à une division de la forêt. Et nous, quand, dans le mémoire de 1867, que nous avons signé, ce qui paraît déplaire à notre honorable contradicteur, nous engagions la commune à offrir à l'administration cette expérience, nous comprenions certainement qu'elle devait être d'une

---

[1] V. *Appendice*, p. 105, la reproduction de la délibération insérée à la suite du mémoire de 1867 et dont M. Grandjean a complètement dénaturé le sens.

grande importance au point de vue de nos études, mais rien de plus, car l'idée des travestissements qu'on pouvait lui faire subir ne s'était pas présentée à notre esprit. Ce n'est qu'après la publication du Cahier d'aménagement [1] que la lumière s'est faite pour nous.

Que dans les années suivantes, nous ayons pu dire à M. le maire de Syam que si l'administration forestière eût accepté l'expérience proposée en 1867, elle eût elle-même découvert la méthode du contrôle, et que la commune de Syam eût été la première à en profiter, nous ne nous en défendons pas. Il est clair que l'aperçu qui a donné lieu à la méthode du contrôle eût été promptement mis en évidence par les inventaires renouvelés chaque année, et qu'il n'en fallait pas davantage à un forestier qui n'aurait plus de corporation à défendre et qui se souviendrait encore de l'imperfection de la méthode naturelle, pour en conclure la rectification de cette méthode par l'établissement du contrôle. Instituée en 1867, cette expérience aurait donc fait accepter, au bout de 5 ans au plus tard, en 1872, dans une forêt soumise au régime forestier, c'est-à-dire sans conteste, la méthode du contrôle qui n'a pu s'affirmer qu'en 1878, par la publication du cahier d'aménagement, et qui, maintenant encore, est en butte aux insinuations de la rédaction de la *Revue des Eaux et Forêts* et aux attaques de M. Grandjean, le champion d'un *Credo* de corporation.

De quoi s'agit-il donc ? De l'intérêt d'une commune, bien plus, de l'intérêt général, que M. Grandjean méconnaît complètement s'il croit ainsi le soutenir. La vérité se trouve donc travestie, et la suite de l'exposé n'est pas moins inexacte : « .... Puisqu'il ne s'agissait que d'une expérience, il eût été peut-être plus simple de s'entendre avec l'administration pour faire suivre les opérations de la forêt des Éperons par les agents forestiers : ils auraient expérimenté avec M. Gurnaud, chacun faisant et consignant sur le registre ses observations. L'idée ne paraît en être venue à personne.... » Encore une fois, il ne s'agissait pas d'une simple expérience, et il est alors tout naturel que l'idée dont parle M. Grandjean ne soit venue à personne.

Quant aux événements de 1870 et 1871, ils n'ont rien à faire dans cette circonstance. Peu importait la destruction du dossier. Le mémoire

[1] J. Jacquin, Besançon, 1878, o. c.

de 1867 et la délibération qui y est insérée n'ont pas été détruits, et la délibération du 9 août 1869, qui annule toutes les conventions et replace les choses dans l'état, est imprimée comme le mémoire de 1867 et comme la pétition du 12 juin 1870. Chacune de ces pièces imprimées et par conséquent non détruites analyse tout le dossier et précise toutes les circonstances de cette grave affaire.

Quelle preuve plus convaincante du bon vouloir de la commune que ces votes sans observations de toutes les dépenses indiquées par le service forestier, et en particulier de celles occasionnées par l'expérience de M. Grandjean dans la division E? Les choses ayant été remises dans l'état par la délibération du 9 août 1869, la commune pouvait s'opposer à cette expérience, puisqu'elle n'était pas conforme à la demande primitive, qu'elle avait même un objet différent. L'expérience que demandait la commune pouvait faire juger au bout de 5 ans la méthode d'aménagement prescrite par le décret du 21 janvier 1863. Le résultat n'était pas douteux, l'administration le savait, c'est pour cela qu'elle refusait l'expérience offerte par la commune, et les opérations entreprises par M. Grandjean, sous couleur d'expérience, n'avaient pas d'autre but que de voiler ce refus sous une apparence de satisfaction donnée à la commune.

De tels agissements ne peuvent se produire qu'au nom de l'esprit de corps, et une telle condescendance ne se rencontre qu'auprès des communes.

§ 4

LES OPÉRATIONS DE M. GRANDJEAN ET LE RUBAN DE TAILLEUR

Examinons d'abord l'état du peuplement de la division E, au moment des opérations de M. Grandjean, 7 ou 8 ans après la demande faite par la commune.

On voit à la page 54 du premier mémoire de la commune, qu'à la date du 1er janvier 1863, le matériel principal de la division E se composait de 3,034 mètres cubes [1], volume de tige de 2,286 arbres,

---

[1] Et 3,708mc branchage compris.

mesurant, à 1^{m}33 de hauteur, 0^{m}60 de tour et plus. En outre, le
sous-étage de cette division comprenait 602 sapins de 0^{m}40 de
tour et un nombre indéterminé de sapins et de feuillus de moindre
grosseur. Enfin, le taux d'accroissement du matériel principal de
cette division était de 2.5 °/$_0$, ainsi que le rapporte M. Grandjean à la
page 35 de sa brochure.

Du 1er janvier 1863 au 1er janvier 1875, début des opérations de
M. Grandjean, il s'est écoulé 12 ans, et le matériel se serait augmenté
de 12×2.5 = 30 °/$_0$, soit de 910 mètres cubes.

M. Grandjean n'a pas fait d'inventaire général de la division E, au
début de ses opérations; mais on peut conclure de l'état A, page 40
de sa brochure, que le matériel principal à ce moment ne pouvait
dépasser le chiffre de 3,074 mètres cubes, et qu'il pouvait même être
inférieur au chiffre de 3,034 mètres cubes, qu'il avait en 1863. ·

Il faut donc reconnaître tout d'abord qu'une exploitation importante a été faite dans la division E, pendant le temps qui s'est écoulé
depuis la demande de la commune, en 1867, jusqu'au début des
opérations de M. Grandjean, 1er janvier 1875.

La division E n'étant pas dans l'affectation en tour de régénération, l'exploitation importante qu'elle a supportée n'est explicable
que par le désordre et l'arbitraire apportés dans la forêt par l'aménagement du 24 janvier 1863, par l'application de la méthode naturelle.

De quelle manière cette coupe a-t-elle été faite, c'est ce qu'il importe encore de rechercher et d'établir aussi exactement que possible.

Pendant les 12 années qui se sont écoulées de 1863 à 1875, les
602 sapins de 0^{m}40 de tour et bon nombre de sapins et de feuillus de
moindre grosseur seraient passés à la futaie. En ne tenant compte
que des 602 sapins de 0^{m}40, le nombre des arbres du matériel principal se serait élevé à 2,286+602=2,888. On ne trouve plus en 1882
que 1,658 arbres, chiffre que M. Grandjean prétend encore trop élevé,
mais sur lequel nous reviendrons plus loin. Il aurait donc été exploité
dans la division E, de 1863 à 1882, 1,230 arbres, et pour savoir ce
qui a été exploité antérieurement aux opérations de M. Grandjean,
il faudrait retrancher de ce chiffre le nombre des arbres qu'il a fait

tomber sous couleur d'expérience, du début de ses opérations jusqu'au 1er janvier 1882. Ce nombre n'est pas indiqué dans sa brochure,
mais on peut être certain qu'antérieurement aux opérations de
M. Grandjean, il a été exploité environ 1,000 arbres et que la coupe
a porté, suivant les errements de la méthode naturelle, sur les petits
bois en même temps que sur les arbres de moins de 0m60 de tour, considérés comme dominés et sans avenir, et sur les bois les plus forts,
qualifiés vieilles écorces au procès-verbal de l'aménagement, c'est-à-
dire sur les arbres mêmes qu'il fallait réserver conformément à la
méthode du jardinage qu'il s'agissait d'expérimenter.

Ainsi, par une circonstance purement accidentelle, sans autre
explication que le désordre introduit dans la forêt de Syam par
l'application de la méthode naturelle, une coupe importante avait
altéré la consistance du peuplement de la division E et changé les
conditions dans lesquelles devait se faire l'expérience offerte par la
commune en 1867, dans le cas où la réalisation du matériel ne paraîtrait pas à l'administration forestière suffisamment justifiée par le
mémoire à l'appui.

M. Grandjean connaissait-il cette situation ? On pourrait en quelque
sorte l'inférer de cette phrase de la page 44 de sa brochure : « Nous
» ne pouvons parler de ce qu'était la parcelle en 1863. » Nous pensons plutôt que, ne s'en préoccupant nullement, il lui suffisait de
faire ou d'être réputé faire une expérience, quelle qu'elle fût d'ailleurs. Les conditions de peuplement de la division E avaient été
altérées depuis la demande faite par la commune. M. Grandjean n'a
pas connu cette circonstance, nous l'admettons. Mais a-t-il fait l'expérience demandée ? Non, évidemment, et il semble en convenir lorsqu'il dit, page 33, que la délibération dont il cite l'extrait fut modifiée
ultérieurement. Mais pourquoi revenir aux prescriptions de la délibération sur le mode d'exécution et insister en disant qu'on a fait le
possible pour s'y conformer ? Dès qu'il ne s'agissait plus de faire
l'expérience proposée dans l'hypothèse où se plaçait la commune par
sa demande de réalisation du matériel surabondant, il ne pouvait être
question que d'une simple expérience d'accroissement qui devait
consister à couper l'accroissement de cinq années, puisqu'on devait
revenir avec la coupe au bout de cinq ans, et à raison de 2.5 % par

an, la possibilité de la coupe devait être $5 \times 2.5\,^{0}/_{0} = 12.5\,^{0}/_{0}$ du matériel existant.

Ces sortes d'expériences sont des comparaisons d'inventaires du matériel. Or, comment se fait un inventaire ? Par un mesurage des arbres qui a pour but de les classer à la circonférence ou au diamètre. Nous avons l'habitude, on le sait, de classer à la circonférence prise à 1^m33 de hauteur et de 2 en 2 décimètres à partir de 0^m60. Le classement est déterminé par le point de partage des classes; ainsi, tous les arbres qui ont plus de 0^m50 et moins de 0^m70 appartiennent à la classe des 60, tous ceux qui ont plus de 0^m70 et moins de 0^m90 appartiennent à la classe des 80, et ainsi de suite. Le point où l'on mesure est indiqué par un trait de griffe et le mesurage se fait au compas forestier, qui permet d'éviter les défectuosités de l'arbre, qu'il ne touche qu'en trois points, toujours les mêmes : ce procédé est très exact et très expéditif. Au comptage suivant, on donne un nouveau trait de griffe à côté de celui du précédent comptage et l'on opère comme la première fois. Si l'on classait au diamètre au lieu de classer à la circonférence, on procéderait d'une semblable façon.

M. Grandjean a imaginé ou plutôt adapté au mesurage des arbres, dans les expériences d'accroissement, un instrument que l'on n'a pas l'habitude d'y employer, c'est le ruban de tailleur, qui ne diffère du reste pas beaucoup du ruban métrique ordinaire et devait apporter, pense-t-il, plus d'exactitude dans ses opérations. S'il s'agissait d'apprécier les variations de la grosseur et non le classement comme il suffit de le faire dans les expériences d'accroissement ou dans les estimations de bois sur pied, pour lesquelles on se sert du tarif adapté au classement en usage, l'exactitude quasi micrométrique que M. Grandjean se propose d'obtenir avec le ruban de tailleur pourrait avoir quelque intérêt. Mais s'il n'a besoin que de classer les arbres de ses expériences, la précision recherchée à l'aide de l'instrument dont il a enrichi la sylviculture, est inutile et chèrement achetée, car ses opérateurs sont munis en outre d'une raclette pour enlever la mousse sur le pourtour de l'arbre et d'un pot de couleur avec un pinceau pour y tracer un cercle sur lequel se place le ruban de tailleur à chaque opération. L'emploi du pinceau pour tracer le cercle exige une certaine habileté, car l'axe de l'arbre doit être perpendiculaire au plan de ce cercle, sous peine d'une erreur que l'on évite sans difficulté avec le compas.

Le pinceau et la couleur servent encore à numéroter les arbres. A défaut d'indications plus précises, celles qui précèdent nous font penser que M. Grandjean s'est livré depuis 10 ans dans la parcelle E de la sapinière de Syam, à des expériences sur des arbres considérés individuellement. Mais s'il en est ainsi, les tarifs adaptés au cubage des arbres par classes de grosseurs ne sont plus applicables, et il faut mesurer les variations de longueur et les variations de grosseur au milieu de la hauteur, comme on les mesure à 1m33 du sol, ce qui suppose l'emploi de l'échelle et même de l'appareil des élagueurs connu sous le nom de grappes dans certaines forêts, celles du Jura, par exemple.

M. Grandjean, qui a indiqué l'outillage de ses opérateurs, savoir, le pot de couleur, le pinceau, la raclette et le ruban de tailleur, n'a pas pris soin de dire comment ils devraient mesurer à chaque opération la longueur de l'arbre debout et sa circonférence au milieu. S'il se rapporte aux données du tarif pour l'estimation des bois sur pied, la précision qu'il s'est proposé d'obtenir devient inutile et peut-être même nuisible à l'exactitude du résultat, car les moyennes de la circonférence au milieu de la hauteur et de cette hauteur elle-même se rapportent au classement du tarif, et non aux variations quasi micrométriques que l'on peut obtenir avec le ruban de tailleur. Sauf plus ample explication, nous pensons que les résultats des opérations de M. Grandjean ne peuvent présenter autant d'exactitude que les opérations faites suivant la méthode ordinaire.

Le compte rendu des opérations de M. Grandjean, inséré dans sa brochure, n'apprend rien à ce sujet. Il se compose de cinq états, l'un en blanc, qui devrait reproduire le détail des opérations faites sur le terrain, et les quatre autres contenant des groupements de chiffres qui probablement ont été établis sur des données qui devraient être produites à l'état laissé en blanc. Pourquoi cet état en blanc? On se perd en conjectures.

Toutes les probabilités sont pour que les expériences de M. Grandjean aient été faites sur des arbres considérés individuellement et par suite incomplètes, à moins qu'on n'ait mesuré directement les longueurs totales et les grosseurs au milieu. Si l'on s'est servi des données du tarif pour suppléer à ces mesurages, il ne faut plus considérer le ruban de tailleur que comme instrument de classement, et son infériorité sur le compas forestier ne peut être douteuse ni comme précision ni comme rapidité d'exécution.

Si M. Grandjean avait bien compris l'opération à laquelle il s'est livré sous prétexte d'expérience, il se serait fait comprendre et n'aurait surtout pas laissé en blanc dans sa brochure, et sans le remplir, le seul état pouvant offrir de l'intérêt.

§ 5

DERNIER RAISONNEMENT DE M. GRANDJEAN

M. Grandjean fait, à la page 44 de sa brochure, un raisonnement prouvant une fois de plus qu'il n'a compris ni l'expérience proposée par la commune pour justifier, au point de vue du service forestier, s'il en était besoin, la demande de réalisation du matériel surabondant nuisible à l'accroissement de sa forêt, ni l'expérience qu'il a faite lui-même. Citons le passage : « Nous nous permettrons cependant une observation ; si, en 1867, la division E ne produisait que 2.5 %, c'est que suivant les principes posés par M. Gurnaud le matériel sur pied était trop considérable. Or, si l'on se borne à enlever le produit de l'accroissement, le volume sur pied sera constant ; si le volume sur pied est constant, l'accroissement ou revenu ne changera pas. Dès lors, pourquoi changer le traitement ? » Ce raisonnement prouve même plus encore, c'est que M. Grandjean n'a pas compris la méthode du contrôle, dont il donne cependant une définition à peu près exacte.

Nous avons vu que dans la forêt de Syam le matériel à l'hectare moyen, qui était en 1863 de 324 mètres cubes, était groupé par places au point de contenir 600 mètres cubes et plus à l'hectare. C'est dans ces places que, d'après les indications du mémoire de 1867 et même le simple bon sens, l'on devait surtout faire porter la coupe afin de desserrer le peuplement par l'enlèvement des arbres intermédiaires. Sur ces places le taux inférieur à 0.9 % se serait élevé. Il en aurait été de même dans les parties où le taux est de 8.5 %. L'expérience rapportée dans le mémoire de 1867 prouve que l'accroissement considéré sur les arbres individuellement varie de 40 à 0.2 %, que dans les massifs où il est en moyenne de 4.643 % il varie de 0.9 à 8.5 %, et il n'y a rien d'invraisemblable à ce que l'accroissement dans les massifs de 600 mètres cubes et plus à l'hectare ne s'élève à 2, 3, 4 et même 5 %, et que dans les parties où il est de 8 1/2 %, il ne s'élève, après la coupe, à 10 % et même au delà. On comprend de même que faisant la coupe au rebours du bon sens et de l'indication du mémoire de 1867, on puisse faire baisser partout au lieu d'augmenter le taux de l'accroissement. C'est précisément ce qui est arrivé dans la forêt de Syam, où l'accroissement annuel moyen, qui était, au 1er janvier 1863, de 4.643 %, après vingt-deux ans d'application de la méthode naturelle, est tombé à 1.320 %, abaissement qui ne concorde pas avec une augmentation, mais bien avec une diminution du matériel principal. C'est le contraire de ce qui se produit dans la forêt des Eperons, où le matériel principal a augmenté de 50 % en vingt-deux ans, et le taux d'accroissement moyen, pour le même temps, est de 6.77 %. En coupant dans la forêt de Syam, dont le matériel est double de celui des Eperons, la moitié de ce qu'on coupe dans la forêt des Eperons, la première s'appauvrit tandis que l'autre s'enrichit rapidement. Aux Eperons, production double avec un matériel moitié moindre, et augmentation de 50 % du matériel principal, taux de 6.77 % par la coupe faite suivant les indications du contrôle; dans la forêt de Syam que M. Grandjean a cue dans son service de 1871 à 1884, production de moitié avec un matériel double, diminution sur le matériel principal et abaissement du taux de 4.643 % à 1.320 % par l'application de la méthode naturelle. Et cette différence de résultats tient exclusivement à la différence dans la manière de faire la coupe, ce dont M. Grandjean n'a pas même l'air de se douter, si l'on en juge par le raisonnement que nous venons d'extraire de sa brochure.

Si M. Grandjean a compris l'expérience proposée par la commune de Syam, il est évident qu'il n'a pas voulu la faire. S'il ne l'a pas comprise et qu'il se soit proposé de faire une simple expérience d'accroissement, les renseignements faisant défaut, on se demande si

l'expérience a été faite sur le massif ou sur les arbres considérés individuellement. Dans le 1er cas, le ruban de tailleur, on l'a vu, n'ajoutait
rien à l'exactitude que l'on obtient avec le compas forestier. Dans le
2e cas, les opérateurs de M. Grandjean, qui étaient passablement outillés
pour mesurer les variations de la grosseur à 1m33 du sol, ne pa-
raissent pas l'avoir été du tout pour mesurer les variations de la hauteur, non plus que celles de la circonférence moyenne des arbres
d'expérience.

En résumé, M. Grandjean se trompe formellement en nous reprochant
d'attaquer l'administration forestière et nos anciens camarades. Nous
n'attaquons que les vices de l'organisation administrative dont la
réforme, nous pensons l'avoir victorieusement démontré par quarante
années d'études, ne dépend que de la modification de l'article 15
du code forestier. Nous avons été pris à partie si inopinément et avec
une telle virulence, que nous avons dû montrer qu'au lieu d'être
l'agresseur nous ne faisions que nous défendre, et nous croyons
l'avoir fait sans excéder les limites de notre droit.

Loin de nous l'intention de méconnaître le mérite d'un ancien
collaborateur ; son seul tort à nos yeux est d'avoir conservé à des
principes dont l'esprit est plus élevé que la lettre un attachement que
nous avons partagé, mais l'expérience nous a forcé à le comprendre
autrement.

La modération des conclusions de notre contradicteur ne se ressent
pas de l'ardeur qu'il a apportée dans la lutte. Convaincu d'avoir anéanti
la méthode du contrôle, le cahier d'aménagement et les trois mémoires
de Syam qui se portent à merveille, si nous ne nous trompons, il cesse
complètement d'en parler et se borne à dire qu'il est mécontent des
expériences qu'il a faites dans la division E de la forêt de Syam. Il
explique même ce mécontentement, ce qui ne nous paraît point nécessaire, puis il termine par un appel aux jeunes forestiers. Qu'il
veuille bien nous permettre de nous joindre à lui dans cette circonstance et de souhaiter à nos successeurs moins d'acerbité qu'il ne s'en
révèle chez leurs anciens, acerbité passagère, parce qu'elle procède
de l'empirisme d'une méthode d'aménagement dont nous n'avions pas
besoin et dont nous pouvons nous passer désormais.

§ 6

VÉRIFICATION

M. Grandjean ayant prétendu, page 48 de sa brochure, que le comptage de la commune, exécuté fin 1881 pour le 1er janvier 1882 et présenté dans le second mémoire [1], était exagéré et que le nombre de 1,658 sapins signalés dans la division E, dépassait de plus de 100 le nombre des sapins existants au moment du comptage, M. le maire de Syam a bien voulu faire procéder à un nouvel inventaire de cette division. Cette vérification a eu lieu le 10 mars dernier.

Il a été compté. . . . . 1,620 sapins.

Du 1er janvier 1882 au 1er janvier 1886,
M. Grandjean aurait fait exploiter [2]   47   —

Total. 1,667   —

Nombre des arbres au 1er janvier 1882 . . . 1,658   —

Passés à la futaie dans l'intervalle des comptages.   9   —

Cette allégation de M. Grandjean, relative au matériel actuel de la division, ne se confirme donc pas plus qu'*aucune* de celles qu'il a produites dans sa brochure.

A défaut de renseignements plus précis, en admettant que les 47 arbres cubant 99mc645 aient tous été exploités dans la catégorie des bois moyens, le calcul d'accroissement sur l'ensemble de la division E, pour les quatre dernières années, se résume de la manière suivante :

Gros bois. — 1m80 et plus à 1m33 de hauteur. — Taux de l'accroissement. . . . . 2.390 %

Bois moyens. — 1m20, 1m40 et 1m60. — Taux de l'accroissement . . . . 4.144 %

Petits bois. — 0m60, 0m80 et 1m. — Taux de l'accroissement . . . . 1.419 %

Taux moyen . . . . 3.160 %

---

[1] J. Jacquin. Besançon, 1882, o. c.
[2] Etat D de la brochure de M. Grandjean.

On voit par cette expérience que le taux d'accroissement des petits bois est de 1.419 %, tandis qu'il devrait être supérieur à celui des bois moyens qui est de 4.144 %. Ce fait indique une anomalie dans la composition du peuplement consistant dans la prépondérance beaucoup trop grande des bois moyens. Dans les deux coupes faites de cinq en cinq ans par M. Grandjean, cette anomalie aurait disparu si l'on s'était conformé, pour la proportion et le choix des arbres exploités, aux préceptes du jardinage. Le succès de cette régularisation aurait été encore plus certain et plus avantageux si la constitution du peuplement de la division E n'eût pas été profondément altérée par la coupe arbitraire faite antérieurement aux opérations de M. Grandjean.

Les comptages effectués pour le 1er janvier 1882 et le 1er janvier 1886, par les soins de la commune, portent séparément sur les bois résineux et sur les bois feuillus, et l'accroissement de ces derniers, qui sont actuellement au nombre de 663 cubant 178 mètres cubes, se résume comme suit, pour les quatre dernières années :

Gros bois. — 1m80 et plus. . . . . »   »

Bois moyens. — 1m20, 1m40 et 1m60 . . . . . . 3.61 %

Petits bois. — 0m60, 0m80 et 1m . . . . 5.29 %

Taux moyen. . . . . 5.06 %

§ 7

POST-SCRIPTUM

Comme un regain d'orage, la brochure de M. Grandjean a un post-scriptum dans lequel la *Sylviculture française* est prise à partie. Inutile, après ce qui précède, de parler des anciennes méthodes de traitement et d'aménagement, de leurs définitions rectifiées, non plus que de la nouvelle méthode. Il n'est plus question que de la contenance des bois des particuliers, qui a triplé en soixante-dix ans, tandis que celle des bois soumis au régime forestier n'a pas augmenté [1].

[1] *Préface du manuel forestier.* — J. Jacquin, Besançon, 1870, o. c.

Cette proposition fondée sur des documents officiels, souvent reproduite bien qu'il s'en émeuve pour la première fois, ne peut être
qu'une erreur parce qu'elle ne plaît pas à M. Grandjean et que, dans
la séance à laquelle il a déjà fait allusion (voir page 51 ci-dessus),
M. le ministre dont il ne voudrait pas *refaire* l'argumentation, dit-il
dans un accès de naïveté charmante, est de son avis. Il ajoute :
« ..., La brochure maintient les chiffres..., Il est probable que
l'impression en était trop avancée pour permettre à l'auteur d'y rien
changer. »

M. Grandjean ne s'est pas aperçu que Baudrillart fixe, en 1823,
la contenance des bois particuliers à 3,100,000 hectares, en s'appuyant
sur l'exposé de la France en 1813 présenté au corps législatif et qui
porte cette contenance à 2,000,000 d'hectares. En augmentant cette
contenance officielle de 1,100,000 hectares, pour tenir compte des
aliénations de bois domaniaux et des reboisements survenus dans les
dix années écoulées de 1813 à 1823, il craint même d'avoir exagéré.

Quant au chiffre de 6,125,000 hectares donné par l'annuaire
forestier de 1865 et supprimé l'année suivante après l'usage que nous
en avions fait dans la brochure publiée au même moment [1], nous
pensons qu'il est le résultat de la statistique officielle entreprise par
l'administration forestière en 1852, et à laquelle M. Grandjean a dû
prendre part comme nous l'avons fait nous-même et tous les forestiers
de cette époque.

La statistique officielle de 1841 [2] évalue la contenance des bois des
particuliers à 5,619,110 hectares auxquels il faut ajouter l'étendue
des boisements opérés depuis. En ne tenant compte que des forêts
de pins, nous ajoutions, dans notre travail de 1865, 400,000 hectares,
augmentation trop faible et qui suffisait cependant pour arriver au
chiffre de l'annuaire forestier de 1865.

Baudrillart a présenté le chiffre de 2,000,000 d'hectares, comme
document officiel en 1813, il n'y a d'hypothétique dans son évaluation
en 1823 que ce qu'il a ajouté pour arriver à ce moment au chiffre de
3,100,000 hectares.

---

[1] *Conserver les bois de l'État et réaliser le matériel surabondant.* — J. Jacquin, Besançon, 1866.
[2] Publiée par le ministère de l'agriculture.

La contenance des bois des particuliers a donc bien réellement triplé en soixante-dix ans, tandis que pendant le même temps celle des bois soumis au régime forestier n'a pas augmenté. Mais il y a mieux, et tandis que les bois soumis au régime forestier s'appauvrissent par l'application de la méthode naturelle, les particuliers, revenus promptement des préventions invraisemblables que cette méthode établissait contre l'éducation des futaies, ont enrichi leurs forêts et continuent à reconstituer le capital forestier nécessaire à la sylviculture intensive.

M. Grandjean verrait-il de l'inconvénient au progrès de la sylviculture dans les propriétés privées?

M. Grandjean se trompe lorsqu'il voit, dans nos publications, de l'hostilité contre l'administration forestière. Le seul grief que nous articulions consiste dans ce que cette administration ne peut rendre tous les services que l'on est en droit d'attendre d'elle, et qu'elle rendra certainement avec la réforme du régime forestier. M. Grandjean considérant les preuves que nous donnons à l'appui de cette proposition comme des accusations portées contre l'administration, met ainsi le comble aux méprises de tous genres accumulées dans sa brochure. Selon nous, les forêts, d'une administration non moins facile que productive avec la méthode du contrôle qui supprime l'arbitraire, peuvent parfaitement rester dans le domaine de l'État et dans celui des communes. Ce sont même les seules propriétés de revenu dans lesquelles l'État puisse, quand le législateur le jugera à propos, soutenir sans désavantage la comparaison avec l'administration des particuliers.

V

ORIGINE & PROGRÈS DE LA MÉTHODE DU CONTROLE

La méthode du contrôle est la seule qui mette l'ordre dans la forêt, et cet ordre est aussi la condition de son application rigoureuse ; elle se ramène à la coupe par contenance de proche en proche ; elle donne la raison du tire et aire, cet éternel honneur de la sylviculture française.

Il est évident que si une consistance de peuplement préférable à celle du mélange des âges, qui est indiqué par la nature et en quelque sorte indéfiniment perfectible par la pratique raisonnée du jardinage, pouvait exister, la comparaison des inventaires la révélerait et indiquerait en même temps les règles du traitement et de l'aménagement qu'elle devrait comporter.

La question du traitement et de l'aménagement des forêts, si intéressante par elle-même, si importante par les résultats, si propre aussi, nous avons bien le droit de le dire, à passionner, est désormais résolue.

Et maintenant, qu'il me soit permis de jeter un regard vers le passé, non pour dissiper des insinuations, simples armes de combat, mais pour ajouter quelques compléments plus difficiles à donner sous une autre forme.

Pourquoi la révolution, s'il est possible d'activer la végétation par les coupes d'amélioration et d'abréger le terme ainsi fixé d'avance pour l'exploitation de la forêt ?

Produite au cours de culture forestière de l'année 1845-46, après le premier exposé de la méthode naturelle, destiné à donner une idée générale du traitement et de l'aménagement, cette objection fut déclarée, par le professeur, prématurée et spécieuse : — préma-

6

turée, parce qu'elle ne pouvait être discutée qu'en seconde année, dans le cours d'aménagement ; — spécieuse, parce que les incertitudes qu'elle pouvait faire naître ne se dissiperaient complètement qu'avec la pratique de l'aménagement, surtout dans les sapinières.

Elle est le point de départ réel des études qui m'ont conduit à la découverte de la méthode du contrôle. Mais telle est la docilité de la jeunesse, telle est pour longtemps l'autorité d'un enseignement magistral, qu'il m'a fallu de nombreuses années, on va le voir, pour y arriver.

Le cours de seconde année ne me donna pas, comme on le pense bien, de solution.

A ma sortie de l'Ecole, ayant demandé, sur le conseil de M. Parade, le stage de Pontarlier, je fus attaché, le 4 novembre 1847, à cette inspection, sous les ordres de M. Vouzeau : celui-ci me choisit peu de temps après pour faire l'étude préparatoire de l'avant-projet d'aménagement des forêts domaniales de Levier, qu'il présenta le 25 janvier 1848. Cette proposition fut approuvée par l'administration, et je fus désigné pour en faire l'application, d'abord comme stagiaire, puis comme titulaire du cantonnement de Levier, auquel je restai attaché pendant huit ans. J'étais donc servi à souhait pour dissiper par la pratique mes doutes sur la méthode naturelle.

Les splendides sapinières de Levier sont celles mêmes dans lesquelles fut pour la première fois appliquée la méthode du jardinage, et pendant plus d'un siècle, en vertu du règlement Maclot [1], terminé et publié en 1727, mais homologué seulement en 1743 pour ce qui touchait aux droits d'usage. En y arrivant, je pénétrais dans des forêts dont on ne nous avait jamais donné la description.

Ces sapinières étaient bien des forêts jardinées, et cependant rien ne répondait à l'idée que l'enseignement de l'Ecole donne de ces forêts. Des massifs composés d'arbres de même élévation, 40 à 50 mètres de hauteur totale, de même conformation, fûts de 25 à 30 mètres

---

[1] « Le roi ayant été informé que les salines de Salins étaient en danger de tomber en pénurie, le sieur Louis-Marie Maclot, conseiller du roi en ses conseils, ci-devant grand maître des Eaux et Forêts au département de Champagne, commissaire départi par arrêt du conseil du 18 janvier 1724, » fut chargé de procéder à un aménagement-règlement des forêts « affectées et destinées aux salines de Salins. »

sans branches et presque cylindriques ; renfermant 800, 1,000 et même 1,200 mètres cubes de bois de tige à l'hectare, avec 150 ou 160 arbres de 1^{m}20 à 4^m et plus de circonférence à 1^{m}33 de hauteur ; une incomparable uniformité de peuplement partout, excepté dans les parties où l'on avait essayé les coupes de régénération.

Les premiers essais de la méthode naturelle furent tentés dans les forêts de Levier, l'année même de la traduction, par Baudrillart, de l'instruction de Hartig sur la culture du bois. Ils ne se bornèrent pas aux forêts de l'Etat et s'étendirent, mais un peu plus tard et avec moins de suite, aux forêts communales de la région.

Pas plus en France qu'en Allemagne ces essais n'obtinrent l'assentiment des populations. Ce fait, qui ne peut être passé sous silence, semble indiquer que le génie des peuples, comme on dit, tient plus à des préjugés sociaux accrédités dans un intérêt administratif qu'à des différences de races, et la solidarité que M. Grandjean cherche à établir entre ses adeptes, ou même ses contradicteurs, et les forestiers allemands, n'a rien qui soit contraire à cet aperçu.

Hartig [1] a mentionné les protestations des praticiens allemands dans son instruction sur la culture du bois [2], et la lutte soutenue par la commune de Syam contre l'administration forestière, pour soustraire sa forêt de sapins à la désastreuse influence de la méthode naturelle, n'est pas une des protestations françaises les moins énergiques.

Les premières coupes d'ensemencement dans les forêts de Levier furent faites de 1804 à 1806. Quand j'arrivai à ce cantonnement, elles étaient encore connues par les plus anciens du pays sous la désignation de *coupes à Battandier*, du nom de l'inspecteur qui les avait faites. Celles des forêts communales datent de 1818 ou 1820 et étaient encore désignées sous le nom d'*essarts Lorentz*, et le mot essart signifiait dégât, destruction. Ces désignations me paraissaient irrespectueuses, et comme Hartig, mais sans le savoir, car je n'eus que plus tard son ouvrage, j'en traitais les auteurs de paysans ignares. Les mêmes préjugés inspirent la même intolérance.

Un ancien forestier, mon voisin de cantonnement, M. G., garde

---

[1] G.-L. HARTIG, *Appendice*, p. 114.
[2] V. à l'*Appendice* la reproduction d'un chapitre de HARTIG, p. 115.

général à Salins, dont le père, et, je crois, le grand-père avaient servi dans les forêts aménagées par Maclot, ce qui faisait remonter assez haut et presque à l'origine de la méthode du jardinage ses traditions forestières, était particulièrement hostile aux innovations. Ayant su qu'il aurait plaisir à me voir, je lui fis ma visite à sa résidence, dans le département du Jura. Son accueil fut très cordial, et, comme on le pense bien, les questions forestières furent chaudement abordées. Je ne trouvais pas la moindre difficulté à lui prouver, par les raisonnements les plus irrésistibles, que la méthode du jardinage ne pouvait produire que des forêts dégradées, des arbres courts, branchus et tarés par suite des atteintes reçues dans les exploitations successives. Il me répétait imperturbablement : « Nous n'avons jamais fait que du jardinage, et cependant nos forêts ne s'en portent pas plus mal, comme vous pouvez en juger. » — A merveille, répliquais-je, mais vos forêts ne se seraient pas régénérées naturellement si, à un moment quelconque, éloigné peut-être, elles n'avaient été soumises aux coupes de régénération. Et vos arbres ne seraient ni si élevés ni si droits, ni d'une telle hauteur de fût, ni d'une conformation si remarquablement cylindrique, s'ils n'avaient crû en massifs serrés et périodiquement éclaircis. — « Vos coupes sombres, répondait-il, secondaires, définitives et d'amélioration, nous les faisons toutes à la fois et du même coup. » Nous nous quittâmes les meilleurs amis du monde, mais déplorant tous deux, lui mon aveuglement et moi le sien.

Il y avait dans mon service, quand j'arrivai au cantonnement de Levier, un brigadier domanial, récemment promu, ancien sous-officier, jeune et intelligent, auquel j'appris très facilement la méthode naturelle et qui en raisonnait à merveille. Il connaissait mon collègue de Salins, et c'est par lui que j'avais été informé de son désir de faire ma connaissance. J'en profitai pour l'engager à travailler à la conversion de mon collègue. Le piquant, c'est que mon collègue eut la même idée et engagea mon brigadier à plaider auprès de moi la cause du jardinage. Quand je m'en aperçus, quelques mois plus tard, cette commune ardeur de prosélytisme m'amusa beaucoup, tant l'idée de ma conversion au jardinage me paraissait bouffonne. Ceci se passait à la fin de 1848. Les forêts anciennement aménagées par Maclot s'étendent sur les départements du Doubs et du Jura, un mur plus fort que les murs de clôture ordinaires indiquait la limite des départements et séparait les deux cantonnements de Salins et de Levier. Mon collègue l'appelait « la grande muraille de Chine. »

Pour moi, les forêts de Levier étaient irrégulières, et il s'agissait de les transformer en forêts régulières, c'est-à-dire d'imaginer des combinaisons culturales propres à assurer le plus rapidement, et avec le moins de sacrifices possible, la substitution des peuplements d'âges gradués aux peuplements d'âges mélangés. Il fallait admettre que ces forêts jardinées, beaucoup plus belles et plus riches qu'aucune des forêts régulières visitées dans les excursions de l'Ecole forestière ou décrites dans son enseignement, leur étaient cependant inférieures. Ce fait qui m'étonnait, comme on peut le croire, profondément et me passionnait, n'éveillait cependant pas le moindre doute dans mon esprit, et, ce qui surprend M. Grandjean, mais me surprend bien plus encore moi-même en raison des circonstances dans lesquelles je me suis trouvé, c'est que pour comprendre le jardinage vrai et m'affranchir d'une définition inexacte, il ne m'ait pas fallu moins de trente années d'études soutenues avec une persistance qui m'aurait aliéné, s'il faut en croire M. Grandjean, « des collaborateurs et même des amis. »

Après mon installation au cantonnement de Levier, M. l'inspecteur, à ma demande, voulut bien me communiquer les documents que renfermaient ses archives sur les travaux de la réformation. Peu à peu, le règlement Maclot, les aménagements de la réformation exécutés dans les forêts communales du cantonnement de 1739 à 1745, en vertu de l'arrêt du conseil du 29 août 1730, et revisés pour la plupart en 1785, le classement des différents types de peuplement que produisit l'application de ces aménagements, et l'étude de l'accroissement correspondant à chacun de ces types, éclairèrent pour moi la sylviculture d'un jour nouveau.

Dans son aménagement, Maclot, en 1727, qualifiait de coupe à *tire et aire* l'exploitation qu'il prescrivait de faire par contenances égales de proche en proche, et qui consistait à prendre périodiquement une

certaine proportion du matériel formé par les arbres de plus de
1m20 de tour et à réserver tous les arbres de cette grosseur et au-
dessous. Ce même mode d'exploitation était qualifié de *coupe en
jardinant* par l'arrêt du conseil du 29 août 1730. Du même coup
les définitions du tire et aire et du jardinage apparaissaient comme
entachées d'inexactitude. Ces deux modes de traitement avaient un lien
de parenté évident : le jardinage, au lieu d'être plus ancien que le tire
et aire qui l'aurait prohibé, paraissait au contraire en provenir.
Enfin la beauté et la richesse des forêts jardinées faisaient regretter
l'absence d'une démonstration probante de la supériorité de la forêt
régulière contre laquelle l'idée même d'un doute ne s'était pas encore
élevée dans mon esprit.

J'avais fait part de ces aperçus à mes collaborateurs, qui s'accor-
daient à me blâmer de me livrer à de semblables recherches. Le
doute vint, puis bientôt après le découragement et le projet de renoncer à une carrière que j'avais si ardemment embrassée. Un instant
la perspective d'une révocation au coup d'Etat de décembre me fit
espérer de ne pas avoir à prendre une résolution pénible dans laquelle
je m'affermissais de plus en plus, lorsqu'une circonstance inattendue
vint détourner le cours de ces idées sombres.

Vers la fin de novembre 1852, un agriculteur, propriétaire de
forêts, qui s'était montré prévenant à mon égard dès mon arrivée au
cantonnement de Levier et était devenu un ami, me demanda de
lui faire visiter, en les lui expliquant, ces belles sapinières de Levier
qu'il traversait souvent et qu'il admirait sans les comprendre. Ce fut
un grand plaisir pour moi, et à la fin d'une journée pleine d'intérêt,
une violente tourmente, comme il en arrive souvent à cette saison
dans les montagnes, nous surprit à l'extrémité de mon cantonnement, non loin de l'habitation de mon ami, où je reçus l'hospita-
lité.

J'avais parlé de l'incertitude des méthodes forestières, de l'avantage qu'il y aurait à la faire cesser, de l'inutilité des efforts pour y
parvenir et enfin de mon projet arrêté de quitter prochainement le
service. Ce projet fut vivement combattu et après une insistance pro-
longée je promis de réfléchir encore, et deux jours après je rentrais
à ma résidence avec des pensées moins tristes. Je pouvais m'être

trompé dans mes conclusions sur ces premières années d'études et m'exagérer les défauts de la méthode d'aménagement et la difficulté de la réformer.

L'impossibilité de discuter avec mes collègues me donna l'idée de soumettre mes doutes à M. Parade, qui avait toujours été très bienveillant pour moi et en qui j'avais la confiance la plus absolue. Afin de faciliter la discussion que j'espérais obtenir, je m'y préparai en rédigeant mes études forestières à ce moment. Ce travail me prit quatre mois, et au commencement de mai 1853 je partis pour Nancy avec dix-sept mémoires sur les différents objets de mes études.

Dès qu'il sut le motif de ma visite, M. Parade, qui avait pensé d'abord que je venais parler avancement, m'accueillit avec un redoublement de bienveillance, et après une discussion très approfondie et qui dura plusieurs jours sur les différents objets traités et surtout sur les questions relatives à l'aménagement, sa conclusion fut ainsi formulée : « Vous n'êtes pas d'accord avec nous, vous avez bien observé, marchez de l'avant, vous devez avoir raison. Mais souvenez-vous que nous sommes *en possession* et que vous ne nous déposséderez que par *des faits*. »

La *possession* dont parlait M. Parade n'avait, à ce moment, aucun sens pour moi. Il me semblait que chacun devait travailler comme je le faisais moi-même, dans le but d'arriver à la vérité, chercher à corriger les imperfections de l'aménagement, et que tous les forestiers devaient s'entr'aider dans cette tâche. Quinze ans plus tard, le passage de Gœthe, en partie reproduit [1], me fit réfléchir aux dernières paroles de M. Parade, dont le sens ne se dévoila complètement qu'à la lecture de la brochure de M. Grandjean. Cette brochure est favorable à la méthode du contrôle, en ce qu'elle nécessite d'une part des explications complètes et qu'elle me force à entrer dans le détail des préoccupations de fonctionnaires que n'émeuvent ni les partis politiques ni même les rivalités nationales. D'accord sur ce point que le revenu de la forêt doit être équivalent à son accroissement, ils se partagent en théoriciens et en praticiens, et tous également persuadés que la détermination de l'accroissement qui les mettrait d'accord est impossible,

---

[1] Page 5 ci-dessus.

recourent à des données empiriques. Les premiers prennent comme base de l'aménagement le nombre d'années nécessaire à la reproduction de la forêt, et les seconds, le temps beaucoup plus court qui doit s'écouler jusqu'au rétablissement de la proportion du matériel enlevé par la coupe, données toutes deux arbitraires à des degrés différents. Le contrôle en constatant sur chaque division l'accroissement annuel et les conditions dans lesquelles il se produit, résout le différend et n'est pas moins favorable à la pratique de l'aménagement qu'aux conceptions propres à améliorer l'exploitation forestière et à augmenter les ressources qu'elle est incessamment appelée à fournir aux progrès de l'industrie.

Quant *aux faits*, il me semblait qu'il eût fallu être assuré de vivre aussi longtemps que les chênes pour les recueillir et que l'on ne pouvait même y songer en raison de l'attente et de la suite nécessaire aux expériences d'accroissement. Mais cette pensée ne me laissa jamais un seul instant d'hésitation ni avant ni après le moment de faiblesse que j'eus en 1852, car j'ai toujours travaillé avec cette confiance que lorsqu'on découvre quelque chose de réellement utile, il se trouve toujours quelqu'un pour reprendre la suite du travail commencé et marcher en avant.

Cette visite m'avait singulièrement réconforté. Elle me donna la hardiesse de proposer l'aménagement sur la base que j'avais adoptée, différente, on le verra tout à l'heure, de celle admise par l'administration et qui, dans ma pensée, devait être nécessairement discutée. J'attaquai la question sur des aménagements de sapinières communales, afin de mettre à profit, dans le projet d'aménagement définitif des forêts domaniales, le résultat de ces discussions. Plusieurs de ces travaux étaient très avancés et purent être terminés et expédiés quelques mois après mon retour de Nancy. L'année suivante j'étais encore sans nouvelles à ce sujet, et sur l'étonnement que je lui en avais manifesté, M. Parade me répondait dans une lettre du 15 juin 1854 : « .... Les aménagements sont fort en retard à Paris. Le chef de ce » bureau est malade depuis longtemps et le travail s'en ressent. Ne » vous impatientez pas et allez toujours votre train. Tout vient à » point à qui sait attendre et persévérer.... » Dix ans plus tard, ayant pu faire mes adieux à M. Parade au moment de son départ pour

Amélie-les-Bains où il mourut, sa dernière parole fut encore un encouragement pour moi : « Je suis content, me dit-il, que ce soit vous qui ayez entrepris cette question de l'aménagement, parce que vous ne l'abandonnerez pas. »

La théorie du maximum d'accroissement ne le satisfaisait pas. Les deux premières questions qu'il m'adressa, dès qu'il sut l'objet de ma visite, en 1853, furent celles-ci : « Avez-vous fait des expériences d'accroissement ? — Avez-vous trouvé des arbres ayant atteint le maximum d'accroissement moyen [1] ? »

M. N., le professeur au cours duquel j'avais présenté l'objection sur l'utilité de la révolution dans l'aménagement, et qui devint directeur de l'Ecole, voulut bien prendre connaissance des mémoires que j'avais soumis à M. Parade, et me dire ensuite que de tels travaux faisaient honneur à l'Ecole. Plus tard, vers l'époque de ma radiation des cadres du personnel de l'administration forestière, il aurait répondu à une interrogation qui lui était faite à mon sujet que j'avais dévié dans mes études et que les espérances que j'avais pu lui donner au début ne se réaliseraient pas.

Dans l'étude de la réformation, la simplicité des aménagements et la grandeur des résultats obtenus excitaient mon étonnement et me remplissaient d'admiration. Il m'était impossible de ne pas faire de rapprochements. La complication des aménagements actuels, le désordre dans la forêt, les efforts d'imagination nécessaires pour expliquer après coup des bouleversements que l'on aurait pu prévoir et éviter, étaient sans cesse présents à mon esprit, et je commençais à craindre que la nouvelle méthode ne fût pas un progrès [2].

Avec l'ancienne méthode, les exploitations se renouvelaient tous les 10, 12, 15, 20 et même 25 ans, selon la périodicité adoptée, par contenances égales de proche en proche, à tire et aire, c'est-à-dire *avec ordre ;* suivant des prévisions particulières à chaque division, c'est-à-dire *en tenant compte dans une mesure rationnelle des différences de fertilité ;* en limitant le nombre d'arbres à prendre dans

---

[1] *Sylviculture française,* p. 11 et 12, o. c.
[2] Conserver les forêts de l'État et réaliser le matériel surabondant. — 4e partie, de l'exploitation des forêts, p. 45 à 57, o. c.

chaque coupe parmi ceux dépassant un minimum de grosseur fixé, c'est-à-dire *en proportionnant l'exploitation aux ressources du matériel principal ;* enfin en réservant tous les arbres qui n'atteignaient pas le minimum de grosseur fixé, *c'est-à-dire en assurant pour la coupe prochaine le recrutement de la futaie en arbres d'avenir, en même temps que la fraîcheur permanente du sol nécessaire pour prévenir surtout les alternatives d'humidité et de sécheresse particulièrement nuisibles à une végétation active et soutenue.* Tels étaient bien les enseignements de la réformation, fruits de trois siècles d'expérience, condensés dans ces aménagements si simples et si grands par leurs résultats, et jetés par-dessus bord par la nouvelle école qui s'était emportée sur les traces d'une de ces lueurs trompeuses de l'imagination pure.

Avec la méthode nouvelle, dont le nom révèle assez le but élevé des novateurs, que voyait-on? Une apparence d'ordre dans des projets longs et compliqués, ne reposant sur aucune base certaine, les forêts bouleversées, renversées par les vents, ravagées par les insectes, presque stérilisées, et l'art forestier devenu l'art de planter et de reconstituer les forêts dont la destruction se renouvelle et se poursuit de proche en proche.

Dans les forêts de la réformation, rien de semblable. Au contraire, des massifs de la plus grande richesse, les arbres les plus élancés et les mieux conformés, le repeuplement naturel et sans frais, le recrutement de la futaie assuré en arbres de toutes dimensions, permettant de pourvoir à tous les besoins de la consommation, chaque exploitation étant une culture, et l'art forestier devenant ce qu'il doit être réellement, l'art d'assurer par le fait seul de la coupe la conservation, l'amélioration et l'augmentation du capital forestier.

Les essais de la nouvelle méthode, malgré le désordre et les ravages qu'ils avaient occasionnés, étaient déclarés suffisants et satisfaisants. Partout le réensemencement naturel avait réussi, seulement on se trompait en l'attribuant à la nouvelle méthode. Il était dû à la méthode du jardinage, qui comporte le réensemencement naturel à l'état permanent. Les coupes de régénération n'avaient fait que dégager des semis existants dont on faisait honneur à la nouvelle méthode.

Dans les autres parties de la forêt on critiquait les bois morts, que l'on attribuait faussement à la méthode du jardinage, et qui étaient dus au contraire au trouble que les essais de la nouvelle méthode, en raison de la manière dont ils étaient exécutés, avaient apporté jusque dans les parties de la forêt qu'ils semblaient épargner. L'ancienne possibilité n'avait pas été changée, on en retranchait par l'opération du *précomptage* le volume des coupes d'essai et celui des chablis qui étaient très nombreux. Tout ce que l'on coupait en plus de l'accroissement dans les parties vouées aux essais, réduisait d'autant la possibilité des jardinages dans le surplus de la forêt, et cette possibilité devenait ainsi moindre que l'accroissement et par conséquent insuffisante. L'activité de la végétation déterminée par la pratique du jardinage se ralentissait progressivement, le matériel s'accumulait, les bois secs se produisaient par suite de l'insuffisance des coupes. Tout cela résultait d'un faux calcul, conséquence du manque de contrôle. La possibilité étant équivalente à l'accroissement, tout ce qu'on coupait en plus dans les parties vouées aux essais était une réalisation de capital qui appauvrissait la forêt et que l'on confondait par erreur avec le revenu. Aux conclusions erronées en faveur de la méthode naturelle s'ajoutait encore une double perte d'accroissement. Sur les parties en coupes d'essai, le matériel principal considérablement atténué, presque disparu et détérioré dans ce qu'il en restait, ne donnait plus d'accroissement, tandis que l'accumulation de matériel, exagérée dans les autres parties, abaissait le taux de l'accroissement et l'accroissement absolu, en même temps qu'elle ne livrait à la consommation que des bois avariés. Des inventaires par divisions périodiquement renouvelés auraient indiqué cette double erreur, et empêché d'y persévérer.

C'est en grand ce qui s'est passé dans la forêt de Syam à une échelle réduite, ce qu'a signalé M. le maire de cette commune dans de mordantes critiques [1], ce qu'il a été possible de soumettre au calcul grâce à son énergique résistance.

Le préjudice causé par l'application de la méthode naturelle résulte de l'abaissement du taux de l'accroissement, qui a pour conséquence

[1] Deux appels du maire de Syam à ses collègues, 1881-1882., V. *Appendice*, p. 117 et 119.

une perte de revenu et une diminution du matériel principal, ainsi qu'on le voit par la forêt de Syam.

Le total des pertes de revenu constatées en vingt-deux ans, de 1863 à 1885 [1], dans cette forêt qui contenait, au 1er janvier 1863, 26,000 mètres cubes en bois résineux, est de 24,000 mètres cubes.

La diminution du matériel principal est de 600 mètres cubes.

Le taux de l'accroissement, qui était de 4.643 % au 1er janvier 1863, est tombé, au 1er janvier 1885, à 1.320 %.

Avec la méthode du contrôle, non seulement toutes ces pertes auraient été évitées, ainsi qu'on le voit pages 49 à 51 ci-dessus, par la comparaison du rendement dans les deux forêts de Syam et des Eperons, mais encore le taux de 4.643 %, au lieu de diminuer, se serait élevé à 6.770 %, et finalement, en prenant pour unité la production de la forêt avec la méthode naturelle, le rendement aurait été de 4.2. En d'autres termes, le revenu de la commune aurait été quadruplé, et le taux d'accroissement du capital de sa forêt, au lieu de s'abaisser à 1.32 %, se serait élevé à 6.77 %.

Ces chiffres ont leur éloquence, et à notre avis, il y a mieux à faire que de leur opposer des dénégations sous des formes quelconques, il faut en tirer parti. Il s'agit bien d'une dépossession, comme le disait M. Parade, de la dépossession d'une méthode, de l'abandon de la méthode naturelle et du retour à la méthode du jardinage rectifiée dans sa définition et régularisée dans sa pratique par l'établissement du contrôle.

Quant à la comparaison des deux méthodes par le rendement, j'étais si éloigné de la croire possible que je n'y songeais même pas. Si j'en avais eu l'idée en 1863, au lieu de l'avoir seulement à la fin de 1884, quelques heures de travail m'auraient suffi pour constater chaque année les produits exploités par division, et au lieu d'être obligé, comme dans le troisième mémoire de la commune de Syam, de les conclure des données de l'aménagement et des procès-verbaux de délivrance et d'estimation des coupes, simples pièces de fiscalité pour le recouvrement des frais d'administration imposés aux communes, mais sans valeur au point de vue du contrôle, on aurait

[1] V. ci-dessus, pages 50 et 51.

un état récapitulatif de l'aménagement de la forêt de Syam, semblable à celui de la forêt des Eperons donné pages 32 à 35 ci-dessus.

Après cette digression nécessaire, je reviens à l'aménagement des forêts domaniales de Levier.

La révolution définitive de ces forêts, fixée dans l'avant-projet d'aménagement à 160 ans, était partagée en seize décennies, et chaque série en seize divisions d'égale contenance, immédiatement établies sur le terrain sans tenir compte des différences de peuplement, et séparées par des sentiers empierrés. Ces seize divisions d'égale contenance, qui devaient correspondre dans chaque série aux décennies après la régularisation, servaient en attendant à la détermination des révolutions transitoires et à la fixation des affectations correspondantes aux périodes. A cet effet, elles étaient ramenées à l'unité de peuplement. Les révolutions transitoires, qui variaient de 40 à 100 ans et étaient divisées en périodes de 20 ou 30 ans, suivant les séries, étaient d'autant plus courtes que les jeunes bois, considérés comme appartenant dès à présent à la forêt régulière, étaient plus nombreux et plus âgés. La première affectation comprenait toutes les divisions dans lesquelles les coupes d'essai de la méthode naturelle avaient été faites et ne figuraient que pour les vieux bois ramenés à l'hectare de peuplement complet. De cette manière les contenances des affectations correspondantes aux périodes de la révolution transitoire étaient inversement proportionnelles au matériel qu'elles devaient fournir pendant sa durée. La possibilité de la première période de chaque série résultait du comptage par division de tous les arbres de la première affectation dépassant un minimum de grosseur qui variait de 1m20 à 1m80, suivant les séries, et devait être revisée tous les dix ans par un nouveau comptage de toutes les divisions de l'affectation, en tout semblable au premier. La comparaison de ces comptages, en tenant compte des bois exploités, aurait fait connaître l'accroissement, c'était déjà le contrôle, et l'on s'en serait évidemment aperçu dès la première revision décennale. Dans les autres affectations, le jardinage était continué, mais avec une possibilité indépendante.

Cet aménagement, premier pas vers le retour à l'ancienne méthode des coupes par contenance et à son perfectionnement par le contrôle du matériel d'exploitation, différait de celui que l'administration avait pour principe d'approuver.

L'aménagement préféré par l'administration consistait à partager la révolution de 160 ans en 4 périodes de 40 ans, et la série en 4 affectations correspondantes.

Le partage de la série en 16 divisions conformément à l'avant-projet ne tranchait pas aussi complètement avec l'aménagement Maclot, il en aurait fait ressortir les avantages et il aurait été plus facile d'y revenir, en le perfectionnant sans porter atteinte au principe de la coupe par contenance. Enfin les inventaires auraient contribué à prévenir et à réprimer les abus de la vente sur pied qui avaient été particulièrement graves dans les forêts de Levier.

Il fallait faire consacrer le principe; je l'avais étudié avec soin et me croyais en mesure de le faire prévaloir dans une discussion approfondie. Il aurait été accepté, j'en suis convaincu, et au bout de dix ans, à la première revision, la comparaison des inventaires aurait fait ressortir les variations de l'accroissement et la méthode du contrôle en aurait été la conséquence; elle n'aurait pas soulevé de conteste, la découverte en aurait été faite par l'administration elle-même.

Fallait-il engager la question sur les forêts domaniales? Je ne l'ai pas pensé, j'avais même des raisons pour croire que si je le faisais, l'avant-projet d'aménagement qui en avait adopté le principe serait réformé. Je résolus, on le sait, de l'engager sur les forêts communales, généralement peu étendues, distinctes les unes des autres, ce qui permettrait de reproduire la discussion sur un cas nouveau après un premier échec, et finalement de pressentir et d'augmenter les chances de succès du travail beaucoup plus important des forêts domaniales. Les forêts communales, on le sait, étaient aménagées de la même manière que les forêts domaniales, avec des révolutions plus courtes, et les effets faciles à constater du renouvellement plus fréquent des exploitations se traduisaient en une plus grande activité de la végétation favorable à la discussion qu'il s'agissait d'obtenir.

Plusieurs de mes propositions d'aménagement de sapinières communales furent approuvées par l'administration, d'autres ajournés, mais sans observations et sans qu'aucune critique se soit élevée sur la base de ces aménagements.

Rien ne pouvait donc m'éclairer sur la proposition à faire pour les forêts domaniales, je ne la présentai qu'à la dernière extrémité et après avoir tenté en 1856 une démarche personnelle, à l'administration, dans le but de discuter le principe sur les aménagements communaux, mais sans parler des forêts domaniales. Le chef de division me reçut poliment, m'écouta avec le même intérêt que si j'eusse exposé une théorie nouvelle de la quadrature du cercle, prit le nom des aménagements communaux dont il avait été question, et je n'en entendis plus parler.

En quittant la résidence de Levier, j'espérais que mon travail me serait réclamé, que j'aurais à en expliquer le retard et que ma justification pourrait introduire la discussion désirée. Mais je fus accusé de détournement de dossiers par le chef qui m'avait transmis quelques mois auparavant des félicitations de l'administration au sujet de mes travaux d'aménagement. Je m'empressai d'envoyer, sans observation, le projet définitif d'aménagement des forêts de Levier qui était prêt. Il fut remanié et ramené aux affectations d'égale contenance sans qu'il ait été question du principe sur lequel il reposait, ou du moins sans que j'aie été appelé à le défendre.

Au début de ces dix premières années d'études, à ma sortie de l'Ecole forestière, je me suis trouvé non seulement sans préparation aucune, mais avec des idées inexactes et de ridicules préventions, en présence de ce que la réformation avait produit de plus parfait, du merveilleux résultat de trois siècles d'expérience que l'on sapait et que l'on sape encore impitoyablement au nom de l'esprit de système. Ce fait, dont on peut s'étonner à bon droit, a une explication.

Le nom seul de l'ancien régime qui avait été renversé en 1789 alimentait les préventions populaires, mais son instrument, la centralisation administrative, était resté inaperçu.

La centralisation administrative est l'arme du despotisme sous toutes les formes de gouvernement. Rien ne fut fait pour en prévenir les dangers. Lorsque vint la réaction, elle put se relever sans exciter de défiance et se reconstituer, sans modification, mais plus dangereuse qu'auparavant, parce qu'elle aboutissait à des pouvoirs indépendants les uns des autres au lieu d'aboutir, comme sous l'ancien régime, au roi, qui en était le principe unique.

Le mouvement, en ce qui concernait le régime forestier, partit de l'administration centrale. Baudrillart, on le sait, fit accepter sans discussion la méthode naturelle en la présentant comme l'opposé de l'aménagement sous l'ancien régime. La méthode du jardinage, qui commence en 1727, ne faisait pour ainsi dire que de naître, mais elle appartenait à l'ancien régime et les faits accomplis permettaient de la reléguer sans discussion dans les profondeurs d'un passé odieux. Et nous vivons encore sur ces errements. Il est singulier que les commotions violentes, œuvres des partis politiques, soient contraires au progrès de l'art forestier lui-même qui, par sa nature, devrait être inaccessible à de telles atteintes.

Au commencement de 1857, je fus attaché au service du cantonnement des droits d'usage, et une chance de faire discuter le principe des divisions d'égale contenance comme base de l'aménagement se présenta encore à la fin de 1858. Les travaux de la campagne d'été, qui s'étaient effectués pour moi dans les hautes Vosges, étaient terminés, et je me préparais à profiter d'un congé que je devais passer dans le département du Doubs, lorsque je reçus dans mon bureau, à Epinal, la visite de deux habitants de mon ancien cantonnement. Le maire et l'adjoint de la commune d'Arc-sous-Montenot, ayant appris que j'étais dans les Vosges, venaient me demander de terminer l'aménagement de la forêt de leur commune, que j'avais commencé peu de temps avant mon départ de Levier, et qui en était encore au point où je l'avais laissé au commencement de 1856. J'y consentis pourvu que la chose fût agréable à M. le conservateur du département du Doubs, qui était M. Vouzeau, sous les ordres duquel j'avais débuté à Pontarlier [1]. M. Vouzeau accepta. Je le vis à mon arrivée à Besançon et lui dis que malgré l'échec du projet définitif d'aménagement des forêts de Levier sur la base des divisions d'égale contenance, je restais fidèle à ce principe approuvé en 1848 sur la proposition qu'il en avait faite, que j'étais convaincu de sa supériorité, de la nécessité de le faire discuter, et que mon intention était de terminer l'aménagement d'Arc-sous-Mon-

[1] M. Vouzeau, nommé conservateur à Strasbourg vers la fin de 1848, revint quelques années plus tard à la Conservation de Besançon.

tenot sur la même base. M. Vouzeau, selon sa promesse, présenta le travail tel que je le fis, mais cet aménagement fut remanié, comme l'avait été celui de Levier, sans aucune observation sur le principe dont la discussion était cependant si nécessaire.

Ma croyance à la supériorité de la forêt d'âges gradués était toujours entière. Aucun doute sur le principe, mais seulement sur le procédé d'aménagement, qui ne permettait pas d'en tirer tous les avantages.

Les études d'accroissement sur les bois abattus que je n'avais cessé de faire depuis ma sortie de l'Ecole partout où j'en trouvais l'occasion, m'avaient démontré que dans toutes les conditions de peuplement, dans les massifs en bois de même âge comme ailleurs, les arbres présentaient des alternatives de croissance tantôt ralentie, tantôt accélérée. Il fallait donc chercher l'amélioration de l'aménagement dans l'abréviation de la révolution en raison du temps que l'on pourrait gagner par l'atténuation de la durée des périodes de ralentissement.

D'un autre côté, les avantages du réensemencement naturel à l'état permanent, sur toutes les divisions de la forêt jardinée, n'étaient pas moins évidents. Le rôle que ce réensemencement avait joué dans les essais de la méthode naturelle ne m'avait pas échappé, et les révolutions transitoires proposées dans l'aménagement des forêts domaniales de Levier n'avaient pas d'autre principe. L'idée me vint de faire profiter la forêt d'âges gradués des avantages de la forêt d'âges mélangés. Il suffisait pour cela d'avancer d'une période la coupe de régénération.

Telle est la double origine de la méthode de la futaie claire, qui atténue les inconvénients du massif complet, et procure les avantages du réensemencement naturel dès qu'il devient praticable.

Je l'ai exposée ci-dessus, pages 15 à 17, en réponse au reproche que m'adresse M. Grandjean d'avoir varié dans mes principes. Les premiers essais de cette méthode avaient été publiés dans les Annales forestières (1857-1858) et avaient donné lieu à quelques répliques assez vives : elles se résumaient dans de pures dénégations auxquelles il n'y avait à répondre que par des faits, toujours difficiles à constater en raison du temps et de la suite nécessaires.

Lorsque j'exposai la méthode de la futaie claire dans le manuel de 1870, la question n'était pas encore suffisamment étudiée, car je ne découvris que sept ou huit ans plus tard qu'elle rentrait dans la méthode du tire et aire dont elle n'était même qu'un mode particulier, antérieur au jardinage, avec lequel il arrive à se confondre par l'application du contrôle.

J'expérimentai la méthode soit par la vérification, soit même par la détermination des possibilités dans les forêts résineuses à propos des cantonnements dont j'étais chargé. Les avantages qu'elle présentait me firent penser à utiliser les expériences que j'avais faites pour construire des tables d'accroissement, appropriées à son application. Mais ce n'est qu'à Bordeaux que je pus me livrer à ce travail laborieux et que rendit plus tard inutile la méthode du contrôle, qui fait du cahier d'aménagement une table d'accroissement continuellement à jour et spéciale à chaque forêt.

La construction de ces tables d'accroissement était un long travail pendant lequel j'eus le temps de réfléchir à l'incertitude des expériences d'accroissement faites sur les arbres abattus, à l'inconvénient des moyennes par lesquelles il fallait suppléer aux expériences directes dans les cas où celles-ci faisaient défaut, et à l'imperfection de ces tables elles-mêmes qui ne sont, en définitive, que des données empiriques.

Les expériences d'accroissement sur les arbres abattus indiquent bien les variations de l'accroissement de ces arbres, quand on tient compte des phases de leur végétation, comme je l'ai fait par exemple dans le premier mémoire de la commune de Syam et dans l'étude des forêts du Risoux [1]. Mais elles ne font connaître que très imparfaitement les circonstances dans lesquelles ces variations se produisent. Ces circonstances se rattachent évidemment à l'arrangement des arbres dans la composition des peuplements. On voit en effet qu'une même couche ligneuse est plus épaisse du côté où elle reçoit la lumière que du côté opposé; qu'après une coupe, sur tous les arbres qui ont été dégagés par l'exploitation, la couche ligneuse devient plus

[1] *Étude des forêts du Risoux faite sur la demande des communes propriétaires.* — J. Jacquin, Besançon, 1870.

épaisse d'abord, et qu'elle diminue ensuite peu à peu jusqu'à ce qu'une nouvelle exploitation reproduise le même phénomène d'accélération et de ralentissement; que tous les arbres ne profitent pas de la même manière ni dans la même mesure des circonstances favorables à la végétation; que les futaies qui étalent librement et sans obstacles leur cime et leurs branches au-dessus d'un sous-bois sont soumises à des variations d'accroissement déterminées par l'âge et la consistance même de ce sous-bois; en définitive, que les variations de l'accroissement dans les arbres considérés individuellement tiennent moins peut-être aux qualités particulières du sujet qu'aux circonstances dans lesquelles il se développe, par suite de son agencement dans le massif. L'accroissement est la résultante des actions et des réactions qui se produisent et dont on aperçoit bien la trace sur les arbres considérés en particulier, mais dont on ne peut se rendre compte exactement qu'en le constatant en même temps sur tous les arbres du massif.

Un fait que j'observai dans l'étude des forêts des dunes et qu'il est utile de rappeler indique, dans un cas bien déterminé, l'influence que le mode d'exécution d'une coupe peut avoir sur l'accroissement du massif et vient à l'appui de ce qui précède.

Après l'achèvement des cantonnements de droits d'usage, je fus attaché au service des travaux d'art à Bordeaux, avec mission d'étudier les forêts des dunes dans les départements de la Gironde et des Landes. On sait que les dunes étaient reboisées par le service des ponts et chaussées et remises ensuite à l'administration des forêts avec les plans indiquant l'étendue et la date des semis. Je préparai une réduction de ces plans avec laquelle je visitai, canton par canton, toutes les forêts des dunes, pendant les années 1860 et 1861.

Un canton dont les limites étaient bien déterminées, et les semis de la même année, présentait deux peuplements très différents : — un formé d'arbres forts, vigoureux, très élancés et régulièrement espacés; en mélange avec ces arbres, et formant presque sous-étage, d'autres pins de même âge, mais restés plus faibles que les dominants; beaucoup de bois disparus, après avoir séché naturellement, couvraient le sol de leurs débris; — l'autre, formé d'arbres tous à peu près de même taille ayant à peine le tiers de hauteur de ceux de l'autre partie, plus nombreux, maigres et malvenants, point de sous-bois, point de détritus sur le sol. Je m'assurai qu'il n'y avait pas d'erreur, que les deux peuplements si différents étaient bien du même âge, et je demandai au garde s'il pouvait me donner quelque explication à ce sujet. La parcelle restée petite et malingre avait été éclaircie il y avait plus de dix ans et la belle partie ne l'avait pas été. En remettant les semis à l'administration des forêts, le service des ponts et chaussées se réservait d'y prendre du bois de couverture pour l'ensemencement des dunes blanches [1]. Aussitôt après la remise de cette dune, l'éclaircie avait été commencée par le service forestier, et le service des ponts et chaussées s'y était opposé, bien qu'il n'eût plus besoin de couvertures dans cette région complètement ensemencée. C'est ainsi que cette partie de forêt si remarquablement belle avait échappé à l'éclaircie et même à la coupe de bois de couverture. L'éclaircie avait été faite selon les prescriptions de la méthode naturelle, en coupant les bois faibles et dominés sans interrompre le massif. Ni les gardes ni les agents forestiers auxquels je signalai ce fait remarquable et si difficile à constater à la simple vue ailleurs que dans des forêts d'essences à croissance rapide, ne purent m'en rendre raison. Je n'en trouvai moi-même l'expication qu'assez longtemps après. Ce fait tient à ce l'éclaircie selon les prescriptions de la méthode naturelle, en enlevant seulement les arbres faibles et dominés, a pour effet de rendre de la vigueur à des sujets qui auraient succombé dans l'éclaircie qui se fait naturellement, et de *perpétuer* entre les arbres restants la lutte pour l'existence qui n'a lieu, contrairement à l'opinion accréditée, qu'au préjudice de l'accroissement.

Ce fait, à lui seul, suffit à expliquer l'infériorité du type classique de la forêt d'âges gradués.

Dans la forêt d'âges mélangés l'éclaircie se fait suivant les indications du contrôle et consiste à exploiter l'intermédiaire dans toutes les classes d'arbres du peuplement, ce qui a pour résultat de *prévenir* la lutte pour l'existence et de favoriser ainsi l'accroissement.

---

[1] On appelait dunes blanches celles qui n'étaient pas encore ensemencées et les couvertures étaient des branches et des tiges de jeunes pins que l'on fixait sur le sol à l'époque des ensemencements, pour arrêter la marche des sables pendant la lovée des graines.

L'influence de la coupe sur l'accroissement dans ce cas précis et bien déterminé était pour moi une confirmation nouvelle, ajoutée à toutes les raisons précédemment indiquées, de l'absolue nécessité des expériences sur l'accroissement des futaies dans les massifs. Je résolus de les entreprendre dans les bois des particuliers si je ne pouvais le faire dans les bois de l'Etat.

En raison de la suite et surtout du temps qu'elles semblaient exiger, le concours de l'Etat me paraissait indispensable. Cependant, comme il ne s'agissait, en définitive, que de mettre de l'ordre dans la forêt, afin de pouvoir se rendre compte, par des inventaires peu coûteux, des pratiques suivies dans l'exploitation, et par ce moyen d'en apprécier l'effet et de les améliorer, elle intéressait évidemment les propriétaires particuliers. Les préventions répandues parmi les forestiers de l'Etat, contre l'administration de ces propriétaires, pouvaient être exagérées, et il y avait chance d'être entendu en faisant appel à leur concours. Toutefois, les particuliers ne pouvaient manquer de faire ce raisonnement : si ces études sont réellement utiles, pourquoi l'Etat refuserait-il de les entreprendre ? Et je me rendais parfaitement compte de la gravité d'un tel point d'interrogation à mon égard. Mais l'utilité de l'entreprise était évidente, il fallait en accepter les conséquences, et, si le concours de l'Etat devait faire défaut, conserver l'attache officielle ou n'y renoncer qu'à la dernière extrémité.

Comment présenter la question à l'administration forestière, qui avait changé, sans motifs, les bases qu'elle avait approuvées dans l'avant-projet d'aménagement des forêts de Levier, et même refusé toute discussion à ce sujet ?

De renseignements officieux sur les dispositions de l'administration, il résultait que la proposition d'études ne serait pas acceptée, et que même je me ferais tort en la présentant. Il fallait donc demander ma mise en disponibilité. C'est ce que je fis le 18 octobre 1861. M. Vicaire, alors directeur général des forêts, répondit le 31 octobre en me dissuadant de ce projet, par la lettre la plus obligeante que puisse recevoir un agent. Une lettre officieuse, que M. le conservateur eut la bonté de me faire lire, accompagnait même la lettre officielle.

Que faire ? Ma résolution était prise, l'utilité de l'étude projetée était certaine, il fallait à tout prix l'entreprendre. Je crus alors la circonstance favorable pour expliquer le motif de ma demande de mise en disponibilité, et, le 31 octobre, j'exposai mon projet d'étude, en proposant de le réaliser dans les bois de l'Etat en même temps que dans les bois des particuliers. Je désignais deux forêts de l'Etat, et, dans le cas où elles ne pourraient être affectées à cette étude, je demandais à être assimilé, pendant la réalisation de mon entreprise dans les bois des particuliers, aux agents des ponts et chaussées et des mines au service de l'industrie, en raison de l'utilité que pouvait avoir, dans l'intérêt général, le perfectionnement de la méthode d'aménagement que j'étais fondé à espérer et dont j'avais nettement précisé l'objet.

Cette proposition restait sans réponse, et, le 23 novembre, je priai M. le conservateur de vouloir bien pourvoir à mon service, que je cesserais le 28 du même mois, cinq jours plus tard. Ma demande de mise en disponibilité fut alors accueillie, et l'administration répondit que l'assimilation que j'avais proposée ne pouvait être acceptée. M. le conservateur me prévint que je serais reçu par M. le directeur général à mon passage à Paris. C'est avec sévérité que je fus accueilli. Le but que je me proposais en demandant ma mise en disponibilité ne paraissait être qu'un prétexte. Les explications que je fournis à ce sujet, et sur lesquelles je dus fortement insister, firent revenir M. le directeur général de cette opinion, et, en me donnant congé, M. Vicaire voulut bien me dire qu'il était satisfait de ces explications, et ajouter que les perfectionnements de la méthode d'aménagement que je pressentais, et à la recherche desquels j'étais décidé à me livrer, lui paraissaient réalisables, mais plutôt encore dans les forêts résineuses que dans les forêts feuillues.

En résumé, après quinze années d'efforts, j'étais parvenu à préciser seulement le point sur lequel devaient porter les études à faire pour perfectionner l'aménagement. Ce point était, à la vérité, nettement défini, ce qui est bien quelque chose, mais je me trouvais réduit à mes propres forces, et, à en croire M. Grandjean, je me serais même aliéné mes anciens collaborateurs et mes amis, ce qui n'a pas dû contribuer à la vulgarisation de la méthode du contrôle.

Le surplus de ce que j'aurais à dire dans ce chapitre est suffisamment connu par ma réplique à M. Grandjean, et je n'ai que peu de chose à ajouter.

En 1870, lorsque je publiai le manuel dont il a été question, je croyais encore à la supériorité du type classique de la forêt d'âges gradués, et en adressant à M. le directeur général un exemplaire de ce petit ouvrage, je pus dire, dans ma lettre datée du 19 janvier 1870, qu'il était conforme à l'enseignement de l'Ecole. Dans cette lettre je renouvelais l'offre précédemment faite le 31 octobre 1861.

M. le directeur général me fit l'honneur, à la date du 24 janvier 1870, de me répondre la lettre suivante : « Monsieur, j'ai reçu l'exem-
» plaire que vous avez bien voulu m'adresser de votre Traité forestier.
» — Je lirai ce travail avec beaucoup d'intérêt et je constate de
» suite avec plaisir que le résultat de vos études est, ainsi que vous
» le déclarez vous-même, conforme à l'enseignement de l'Ecole fores-
» tière, sauf quelques simplifications dans la pratique. — Vous offrez
» de faire l'application aux forêts domaniales de Chaux et de Levier
» des principes exposés dans votre traité. — Je recourrai volontiers,
» si le besoin s'en fait sentir, à votre expérience et à vos lumières. —
» Recevez, etc. »

La méthode exposée sans commentaire dans le manuel de 1870 est celle de la futaie claire, le perfectionnement du type classique de la forêt d'âges gradués.

Les études d'accroissement, en faisant ressortir les avantages du mélange des arbres de différents âges dans les massifs, m'ont conduit plus tard à la méthode du contrôle, et par elle au perfectionnement du mélange des âges dans la forêt jardinée.

Je me suis efforcé de présenter cette méthode sous une forme didactique, et, en terminant, j'insisterai encore sur la confusion, fatale au progrès de l'art forestier, qui s'est établie entre la méthode du jardinage et le régime des coupes extraordinaires.

Les forestiers français qui, dès le XIVe siècle et plus anciennement peut-être, pratiquaient dans les taillis le tire et aire, qu'ils introduisirent, au XVIe siècle, dans l'exploitation des futaies pleines, arrivèrent, au commencement du XVIIIe siècle, à la méthode du jardinage, ce dernier mode du tire et aire, qui n'atteint son expression définitive qu'avec la détermination de l'accroissement par la méthode du contrôle.

Nos anciens forestiers ont préparé l'avènement de la méthode du jardinage, mais ils ne l'ont pas connue. Hartig ne la soupçonnait même pas encore à la fin du XVIIIᵉ siècle, et il est curieux de voir, à trois siècles d'intervalle, Allemands et Français réprouver, dans les mêmes termes, la coupe extraordinaire, et par ce régime la destruction des beaux arbres, l'appauvrissement et la dégradation des forêts.

Tout autre est le jardinage dont la coupe par contenance, proportionnelle à l'accroissement et périodiquement renouvelée, est la véritable culture forestière, assurant à la fois le réensemencement naturel permanent, le recrutement de la futaie le plus avantageux, l'arrangement des arbres dans le massif le plus favorable à l'accroissement, et, par le contrôle, faisant de l'exploitation forestière une industrie caractérisée dont on peut prévoir et régler la marche.

APPENDICE

I. — Délibération du Conseil municipal de Syam, extraite du Mémoire de 1867.

Le conseil municipal de la commune de Syam,

Vu le travail exécuté par la commission d'aménagement le 28 février 1862 ;

Le procès-verbal de reconnaissance des agents du service ordinaire, en date des 13, 16 et 21 septembre 1862, ayant pour objet l'aménagement ;

L'extrait du rapport au conseil d'administration du 26 décembre 1862, approuvé le 20 janvier 1863, extrait transcrit au procès-verbal d'aménagement ;

Le décret d'aménagement du 21 janvier 1863, transcrit au procès-verbal d'aménagement ;

Le plan de la forêt de sapins contenant l'indication du partage de la série en onze divisions ;

L'état par divisions du matériel de cette forêt ;

Les lettres de M. l'inspecteur de Poligny, des 14 mars 1863 et 7 juin 1866 ;

Les lettres de M. le sous-préfet de Poligny, des 2 janvier, 7 mars, 9 juin et 5 décembre 1866 ;

Le procès-verbal de reconnaissance des agents forestiers des 10, 15 et 28 octobre 1866 ;

Le mémoire de la commune de Syam à l'appui d'un pourvoi contre l'aménagement de ses forêts ;

Les délibérations des 20 juin 1861, 12 mai et 2 novembre 1862, 9 septembre 1865 et 11 novembre 1866 ;

Considérant :

Que l'administration forestière a fait étudier, par une commission d'agents spécialement chargés de ces sortes de travaux, un projet d'aménagement des bois communaux de Syam, projet qui a été revêtu de l'approbation de M. le conservateur et présenté au conseil municipal ;

Que ce projet, bien qu'il ne répondît pas complètement aux intérêts de la commune, à cause de l'insuffisance des coupes prévues, qui devait avoir pour résultat de perpétuer le dépérissement des bois en forêt, a été cependant accepté par la délibération du 12 mai 1862 ;

Qu'après cette acceptation, qui était suivie d'observations respectueuses dans lesquelles le conseil municipal appelait l'attention sur certaines parties du travail, les agents du service ordinaire ont fait un nouvel aménagement, qui a été présenté au conseil municipal et repoussé le 2 novembre 1862 par une délibération qui confirmait celle du 12 mai précédent ;

Que la seconde proposition, sans apporter de nouvelles études sur les bases de l'aménagement, impose une réduction de 124 mètres cubes sur la possibilité, déjà beaucoup trop faible, établie par la première proposition ;

Que l'administration forestière, sans avoir égard aux protestations du conseil municipal, qui entendait, par la délibération du 2 novembre, rester dans les termes de celle du 12 mai, a fait rendre un décret qui homologue la seconde proposition ;

Que, depuis quatre ans qu'il est en vigueur, l'aménagement imposé à la commune ne peut recevoir une application sérieuse, puisque la possibilité est absorbée par les délivrances de bois secs et de chablis, et que par cette raison les coupes régulières sont supprimées ;

Que la révolution définitive adoptée dans cet aménagement est très exagérée, et que cette exagération occasionne l'exiguïté des coupes annuelles, dont le chiffre est proportionnel à la révolution ;

Que la première révolution, considérée comme transitoire, est faite de dix ans plus longue que la révolution définitive, tandis qu'elle devrait être beaucoup plus courte ;

Qu'il n'est pas équitable d'avoir fait peser sur la première période seulement l'allongement de la première révolution, parce qu'il en résulte, pour le présent, des sacrifices considérables en vue d'un avenir qui dépasse de beaucoup la portée des prévisions humaines, et qu'il serait juste, dans l'hypothèse où l'on pourrait le justifier, de le répartir sur toute la durée de la révolution ;

Que c'est par suite d'une erreur d'appréciation que, dans les trois dernières affectations, des coupes jardinatoires ont été prescrites au lieu de coupes d'éclaircie, qui sont nécessaires pour dégager la forêt du matériel surabondant qu'elle renferme, et que l'administration forestière a elle-même reconnu et attribué à l'insuffisance des coupes faites jusqu'ici ;

Que, dans l'hypothèse même où ces coupes jardinatoires pourraient être justifiées, leur possibilité ne devrait pas être confondue avec celle des coupes de régénération ;

Que la proposition des coupes d'éclaircie ne peut être laissée à la discrétion des agents locaux, attendu que cette mesure étant contraire aux principes en matière d'aménagement, est surtout inadmissible dans le cas particulier de la forêt de Syam, où les coupes d'éclaircie sont l'objet essentiel de l'aménagement ;

Qu'il y a désaccord, au préjudice de la commune, sur le résultat des calculs établissant le chiffre de la possibilité, entre M. le conservateur et les auteurs du rapport au conseil ;

Que le mode de martelage suivi depuis la mise en vigueur de l'aménagement du 21 janvier 1863 a été l'occasion de véritables désastres, qui ont causé un grand préjudice à la commune, et que ce mode de martelage est contraire aux règles de la science forestière et de la pratique la plus autorisée ;

Que la forêt de Syam se transforme par la substitution naturelle du sapin aux bois feuillus, et qu'il est nécessaire d'abréger l'âge de la coupe du taillis et de faire des éclaircies pour hâter cette transformation ;

Qu'un aménagement définitif, ayant chance d'être appliqué avec succès, est impossible tant que la transformation qui s'opère dans la forêt de Syam ne sera pas plus avancée, et que les peuplements actuellement en sapins n'auront pas été dégagés de l'excès de matériel qui arrête la marche régulière de l'accroissement ;

Qu'il existe dans la forêt de sapins un matériel surabondant de 14,368 mètres cubes ;

Que l'accumulation de ce matériel a fait supporter à la commune, de 1833 à 1863, une perte sèche totale de plus de 11,344 mètres cubes ;

Que la conservation sur pied de ce matériel surabondant fait subir depuis 1863 une perte sèche annuelle de 866 mètres cubes indépendamment de l'intérêt de la somme que produirait sa réalisation ;

Délibère à l'unanimité qu'il soit demandé à l'autorité administrative :

Que l'aménagement imposé par le décret du 21 janvier 1863 soit rapporté ;

Que, pour la série de taillis, la révolution soit réduite, de trente ans qu'elle était, à dix-huit ans, et qu'une éclaircie soit faite dans les coupes lorsqu'elles seront arrivées à l'âge de dix ans au plus tard ;

Que, dans la série de sapins, il ne soit plus martelé de coupes dites par bouquets ; qu'aucun aménagement définitif ne soit entrepris pour le moment ; qu'une période de dix ans, à l'expiration de laquelle on décidera si l'on doit entreprendre à nouveau un aménagement définitif, soit employée à l'enlèvement du matériel surabondant ; que ce matériel, qui s'élève, accroissement futur compris, à dix-sept mille sept cent sept mètres cubes, soit enlevé en deux fois, et par moitié de cinq en cinq ans ; que les coupes soient faites par division, conformément aux indications du mémoire rédigé pour la commune, et qu'à cet effet, les lignes séparatives des divisions soient établies sur le terrain, et que les routes prévues soient exécutées ; que des états en double, tant du matériel exploité que du matériel réservé, soient établis en forme de cahiers et tenus à jour par l'administration forestière ; qu'un double de ces états soit déposé aux archives de la commune ;

Que, sur la coupe annuelle de 1,770 mètres, 170 mètres cubes soient laissés sur pied comme réserve, 1,400 mètres cubes soient vendus, pour le produit être employé en achat de rentes 3 0/0, et 200 autres mètres cubes soient délivrés à la commune à titre d'affouage, en outre des chablis et bois secs, qui seront imputés sur la réserve de 1,770mc ;

Que les dépenses nécessaires pour l'établissement des lignes de divisions et des routes soient allouées sur les ressources extraordinaires de la commune ;

Que, sur les ressources ordinaires, il soit alloué un supplément annuel de 1 franc par hectare à l'administration forestière, pour l'indemniser du surcroît de travail occasionné tant par l'établissement et la tenue des états du matériel que par les martelages plus difficiles et plus longs des coupes à faire pour la réalisation du matériel surabondant ;

Qu'une coupe d'éclaircie conforme aux indications de la page 26 du Mémoire soit faite cette année même sur l'étendue totale d'une division, et que les arbres réservés dans cette coupe soient mesurés et estimés au moment du martelage et ensuite d'année en année, afin de faire connaître la marche de l'accroissement.

Tous pouvoirs sont délégués au maire, à l'effet de donner suite à la présente délibération devant la juridiction compétente, et par telles démarches qu'il jugera opportunes.

II. — Délibération du 8 août 1869.

L'an mil huit cent soixante-neuf, le huit du mois d'août,
Le conseil municipal de la commune de Syam s'est réuni.

Etaient présents MM. Alphonse Jobez; Honoré, Frédéric; Buffet, Jean-Baptiste; Flotta, Charles; Monnier, Jean-Etienne; Dautel, Hippolyte, adjoint, et Monnier, Jean-Baptiste, maire.

M. le maire a exposé :

Qu'ensuite d'un pourvoi formé par la commune contre l'aménagement de ses bois, MM. les agents forestiers du service extraordinaire se sont transportés sur le terrain et ont fait de nouvelles propositions d'aménagement, que le conseil municipal s'était décidé à accepter en demandant seulement la réduction de la périodicité des coupes d'éclaircie à cinq ans au lieu de dix, et la mise immédiate de la division E en coupe d'expérience;

Que la délibération d'acceptation aux conditions indiquées, en date du 12 décembre 1868, est restée sans réponse, et qu'il est nécessaire pour la commune de sortir de cette situation;

Qu'il résulte du mémoire imprimé fait par un homme de l'art, à l'appui du pourvoi de la commune, que les pertes sèches sur le revenu de la série de sapins, depuis 1833 seulement, s'élèvent, savoir :

Pour la période de 1833 à 1863, à 11,344 m. c. grumes.
Id.   1863 à 1867, à   3,900   id.
Id.   1867 à 1869, à   1,950   id.

Total,   17,194   id.

Qu'en estimant à 16 francs le mètre cube grume, ces 17,194 m. c. équivalent à 275,104 francs;

Que cette perte, qui revient à une somme annuelle de 7,642 francs, provient du fait de l'administration forestière et est la conséquence même de l'application du régime forestier;

Que les communes, suivant l'expression de M. de Martignac dans l'exposé du projet de Code forestier à la chambre des pairs, ont un droit de propriété absolu sur leurs bois;

Que l'article 50 de la loi du 14 décembre 1789 déclare que les fonctions propres au pouvoir municipal, sous la surveillance des assemblées administratives, sont de régir les biens communaux;

Que l'arrêté du 19 ventôse an x n'a pas changé cette situation; que M. Favard de Langlade, rapporteur du projet de Code forestier devant la Chambre des députés, s'est attaché à établir que la loi nouvelle est conforme au principe de celle du 14 décembre 1789, et que l'administration n'exerce qu'une action de précaution et de garantie pour le compte et dans l'intérêt des communes;

Que la commune de Syam a toujours fourni ce qui lui était demandé pour frais d'administration, travaux et dépenses extraordinaires quelconques ;

Enfin, que l'administration forestière ne répond pas au vœu de la loi, et qu'il y a lieu de demander que les bois communaux de Syam soient distraits du régime forestier et administrés par le pouvoir municipal, sous la surveillance des assemblées administratives.

Le conseil municipal, après en avoir délibéré :

Considérant que le but de la loi forestière est de conférer à l'administration des forêts une action de précaution et de garantie pour le compte et dans l'intérêt des communes ;

Considérant que la commune de Syam a toujours fourni à toutes les dépenses qui lui ont été demandées, et notamment à celles de l'aménagement qui est en instance depuis douze ans (1857) ;

Considérant que, par le fait de l'administration forestière, qui est naturellement irresponsable, la commune de Syam a éprouvé et continue à éprouver des pertes annuelles considérables et qui sont la conséquence même de l'application du régime forestier,

Décide à l'unanimité :

1° Que la délibération en date du 12 décembre 1868, qui approuvait sous conditions le nouvel aménagement des bois communaux de Syam, est annulée ;

2° Et qu'il est demandé formellement que les bois communaux de Syam soient distraits du régime forestier et administrés par le pouvoir municipal, sous la surveillance des assemblées administratives.

A cet effet, il sera dressé un inventaire de la forêt par division ; cet inventaire sera renouvelé périodiquement dans son entier. Deux registres, l'un pour les bois coupés, et l'autre pour les bois réservés, seront tenus par division. Un rapport sur l'état de la forêt, établi à l'aide de ces données, sera soumis chaque année au conseil général du département.

Fait et délibéré les an, mois et jour susdits.

III. — Délibération du 12 juin 1870.

L'an mil huit cent soixante-dix, le douze du mois de juin,

Le Conseil municipal de Syam, réuni au lieu ordinaire de ses séances,

Après mûre délibération, adresse au Corps législatif la pétition suivante, relative à l'aménagement de ses bois, pour lequel la commune est en instance depuis 1856.

Par une délibération du 17 mai 1856, la commune de Syam a demandé que l'aménagement de ses bois, dont l'exploitation était réglée par un arrêté de 1833, fût fait au plus tôt, en faisant observer que le comptage des sapins avait déjà eu lieu. Elle a réclamé cet aménagement en 1858 et 1859, en faisant ressortir les pertes qui se produisaient chaque jour dans sa forêt.

En 1861, une commission d'aménagement a fait un projet.

L'année suivante, en 1862, le travail de cette commission a été soumis à l'approbation du Conseil municipal.

Le Conseil, quoique convaincu que cet aménagement ne répondait pas entièrement aux intérêts de la commune, l'a accepté par sa délibération du 12 mai 1862, en présentant des observations sous la forme la plus respectueuse.

Ce projet, approuvé par M. le conservateur, fixait la coupe annuelle, dans la forêt de sapins, à 444 mètres cubes.

Sans répondre aux observations de la commune, sans avoir pris part aux études de la commission d'aménagement, les agents du service ordinaire modifient le projet qu'avait accepté la commune de Syam, qu'avait approuvé M. le conservateur, et, aggravant la situation faite à la commune de Syam, décident qu'on ne lui accordera qu'une coupe annuelle de 320 mètres cubes. Le conservateur approuve qu'on retranche 124 mètres cubes annuellement de l'affouage de la commune, comme il avait approuvé qu'on lui délivrât 124 mètres cubes de plus.

La commune n'accepte pas ce second aménagement. On le lui impose par un décret du 21 janvier 1863.

La demande d'aménagement a été faite par une délibération du 17 mai 1856.

Ce n'est que cinq années après, en 1861, qu'il est exécuté par la commission d'aménagement.

Ce n'est que six ans après qu'il est soumis à l'approbation de la commune de Syam.

Il a fallu cinq ans pour cet aménagement, et il n'y a eu besoin que de quelques mois pour le changer et obtenir le décret du 21 janvier 1863, qui impose à la commune un travail dans lequel on n'a tenu aucun compte des délibérations du Conseil municipal et qui diminue ses revenus.

Un aménagement doit assurer l'enlèvement des bois qui, par leur trop grand nombre, leur état trop serré, gênent à l'accroissement de la forêt, et de ceux que l'âge ou des conditions vicieuses rendent dépérissants. Il ne peut entrer dans la pensée de personne, encore moins dans celle d'agents d'une administration spéciale, généralement aussi instruits que distingués, de contester que ce soit là l'objet essentiel de tout aménagement.

Que se passe-t-il pour celui que l'on a imposé à la commune de Syam? Les bois sèchent sur pied et la commune se voit délivrer chaque année des sapins avariés.

Le Conseil municipal réclame, en faisant observer que ces bois avariés, par suite de leur état trop serré ou de conditions vicieuses, ne doivent pas empêcher d'enlever la quantité de bois que les agents forestiers ont déclarée nécessaire pour conserver à la forêt communale un accroissement régulier.

Ses réclamations sont repoussées. La commune observe vainement que si des bois ont séché dans la partie nord de sa forêt, ce n'est pas une raison pour ne pas desserrer les bois qui sont dans la partie sud. Les réclamations de la commune sont vaines; deux décisions de la direction générale, des 14 décembre 1865 et 1er décembre 1866, concluent que la commune recevra des bois avariés et que les coupes de bois sains seront suspendues dans la proportion des bois avariés qui se feront chaque année. C'est ce que l'on appelle le précomptage.

Si une forêt doit être ainsi gérée, il paraît que tout aménagement est inutile;

il n'y a plus besoin que de s'entendre sur le degré d'avarie que devrait subir un arbre avant d'être abattu.

La commune de Syam décide, dans une délibération du 5 janvier 1868, qu'elle se pourvoira devant l'autorité administrative pour obtenir un aménagement nouveau.

Une commission d'agents forestiers du service extraordinaire est venue faire de nouvelles propositions d'aménagement et les a soumises à la commune. Le Conseil municipal les a acceptées dans une délibération du 12 décembre 1868.

Quelles conditions formulait-il dans sa délibération? Il demandait qu'une des divisions de l'aménagement fût traitée en coupe d'expérience, c'est-à-dire que l'on étudiât, dans la forêt de Syam, la marche de la végétation de ses arbres.

Pourquoi le demandait-il? Parce que la science forestière n'est pas infaillible; parce que des agents forestiers ayant tous reçu la même instruction forestière avaient exprimé les divergences d'appréciations sur cette forêt; parce que les agents forestiers de 1833 avaient décidé que les sapins de Syam pouvaient être abattus à cent ans; que la commission de 1861 affirmait qu'ils devaient avoir 120 ans; que les agents forestiers locaux voulaient qu'ils eussent 132 ans, et qu'enfin le décret du 21 janvier 1863 décidait que la forêt serait exploitée à l'âge de 130 ans.

Il demandait que les éclaircies à faire dans les bois eussent lieu tous les cinq ans, au lieu d'être faites seulement tous les dix ans.

Il se passe huit mois sans que la commune reçoive aucune réponse à son acceptation.

La commune a prouvé, en s'appuyant sur des études qu'elle a fait faire dans sa forêt et dont les résultats n'ont pas été contestés, que de 1833 à 1869 elle avait perdu d'une manière totale, comme richesse forestière à jamais anéantie, par suite d'une exploitation vicieuse, 17,194 mètres cubes, qui, à 16 francs le mètre cube, font en argent une somme de 275,104 francs. Elle a prouvé, d'après ce chiffre, que la perte annuelle qu'elle subit est de 7,642 francs.

Quel intérêt y a-t-il à anéantir cette richesse?

Les délibérations de la commune de Syam constatent qu'elle n'a jamais demandé que cette somme fût répartie entre les mains de ses habitants; elles constatent qu'après un prélèvement approuvé par l'administration forestière, le Conseil municipal destinait les capitaux qui seraient fournis par la vente des coupes à être placés en rentes sur l'Etat, à servir à l'érection d'une salle d'asile ou à des subventions pour les chemins de fer départementaux.

Le Ministre des finances, qui veille au développement de la richesse publique, le Ministre des travaux publics, le Ministre de l'instruction publique, enfin l'intérêt de la société, exigent qu'une solution soit donnée à des réclamations pareilles à celle de la commune de Syam.

La patience n'a pas manqué à la commune de Syam. Deux fois elle a accepté les travaux de l'administration forestière; elle poursuit son but depuis 1856, depuis bientôt quinze ans.

Il est évident pour elle que l'administration forestière n'a laissé dépérir les bois de la commune que parce qu'elle était impuissante à les administrer.

L'impuissance ne pouvant être attribuée à des agents dont tout le monde apprécie la capacité, il est visible qu'elle ne peut venir que d'un vice d'administration intérieure qui paralyse la bonne volonté et le savoir des fonctionnaires.

Le Conseil municipal a donc demandé, dans sa délibération du 8 août 1869, que les bois communaux de Syam soient distraits du régime forestier et administrés par le pouvoir municipal sous la surveillance des assemblées administratives.

Une lettre de M. le Sous-Préfet, du 23 août 1869, en rappelant les prescriptions des lois et en avertissant la commune que sa délibération ne pourrait avoir de suite, a annoncé la venue prochaine d'un vérificateur général des aménagements dans la commune de Syam.

Le Conseil a attendu la venue annoncée ; les ventes des bois des communes ont eu lieu, aucun bois n'a été marqué dans la forêt communale.

La commune de Syam est condamnée à voir s'anéantir une valeur de 7,642 francs en bois dans ses forêts, pour l'année qui vient de s'écouler.

L'aménagement de ses bois, fait par la commission forestière de 1862, décidait qu'on enlèverait chaque année 444 mètres cubes.

L'aménagement fait par les agents du service ordinaire, imposé en 1863, décidait qu'on enlèverait chaque année 320 mètres cubes.

Il a été accordé en 1869, après seize années de réclamations, après deux acceptations faites par la commune du travail des agents forestiers, 96 mètres cubes, par suite du procès-verbal du 3 août 1869 fait par M. l'inspecteur et M. le garde général des forêts à Champagnole. Ces bois, marqués depuis deux ans, étaient tous tarés, et leur vente avait été demandée par le Conseil municipal dans sa délibération du 15 mars 1867, par raison d'urgence.

La commune ne peut que persister dans sa délibération du 8 août 1869.

Si la loi de 1791 a créé l'administration pour gérer les biens des communes, elle n'a pas pour cela anéanti le droit du propriétaire ; elle l'a reconnu au contraire ; elle a chargé les conseils municipaux de veiller sur les propriétés communales.

Que devient ce droit de propriété ? Comment pouvoir le faire vivre en face d'une administration qui fait perdre, d'après des calculs dont elle ne conteste pas l'exactitude, un capital de 275,000 francs à une commune et lui impose une perte annuelle de 7,642 francs ?

Il est des questions de fait et de bon sens qui dominent tous les textes de loi ; il est impossible qu'en voulant créer une administration pour gérer les biens des communes, la loi ait décidé que cette administration pourrait les anéantir et les détruire.

La commune a encore été trompée dans son attente : le vérificateur des aménagements, que lui avait annoncé M. le Sous-Préfet en répondant à sa délibération du 8 août, n'est pas venu.

Le Maire s'est adressé directement au Ministre par lettre du 15 janvier, dont copie est ci-jointe.

Le Ministre n'a rien répondu. La commune ne peut plus avoir de recours que devant le Corps législatif.

Le Conseil municipal signale, en terminant, l'illégalité du précomptage imposé à la commune. Le précomptage, tel qu'il est exercé, rend impossible l'application de l'aménagement : les coupes prévues dans l'intérêt de la forêt ne s'effectuent plus ; en définitive, l'aménagement est modifié, sans que le Conseil municipal ait été appelé à délibérer. L'article 90 du Code forestier, qui prescrit que tout changement de l'aménagement doit être fait avec les mêmes formalités que l'aménagement, est donc violé.

Fait et délibéré à Syam, les jour, mois et an susdits. Et ont signé au registre les membres de l'assemblée.

IV. — Extrait du 2e mémoire [1] de la commune de Syam.

Les forêts communales de Syam étaient soumises à un règlement d'exploitation par décision ministérielle du 12 décembre 1833, et par délibération du 17 mars 1856, renouvelée en 1859, le conseil municipal demanda leur aménagement, qui fut terminé le 28 février 1862 et homologué par décret du 21 janvier 1863.

Depuis dix-huit ans qu'il est appliqué, cet aménagement fait subir des pertes considérables à la commune, et l'administration refuse de le modifier, d'en justifier les principes et même de le soumettre au contrôle.

Cette manière de comprendre et d'appliquer le régime forestier mérite d'attirer l'attention, car l'effet de cette institution, par les résultats qu'elle donne, est en contradiction avec son objet même.

Le régime forestier a pour but d'assurer la conservation et l'amélioration des forêts sur lesquelles l'État exerce un droit de propriété ou de tutelle, et d'en régler la jouissance par des aménagements. Toutes les prescriptions édictées par le Code forestier et par l'ordonnance réglementaire sur l'organisation de l'administration, sur la délimitation et le bornage, la vente, la délivrance, l'exploitation et le récolement des coupes, la police et la conservation des forêts, et sur tous autres objets, ne sont évidemment que des mesures de précaution et de garantie dans l'intérêt de la conservation des bois soumis au régime forestier et de leur bonne exploitation, en un mot, de leur aménagement.

Le législateur n'a pas défini l'aménagement et n'a pas ordonné le contrôle du matériel d'exploitation qu'il est nécessaire d'entretenir dans la forêt pour en tirer un revenu régulier. Mais il a institué une école forestière destinée à rechercher, perfectionner et enseigner les meilleures méthodes d'exploitation. L'administration se recrute à cette école et est virtuellement en possession de l'art forestier. Il en résulte qu'elle ne peut relever que d'elle-même, quant à ses méthodes, et qu'en omettant de définir l'aménagement et d'en ordonner le contrôle, la loi a conféré implicitement à l'administration un pouvoir discrétionnaire sur l'objet essentiel du régime forestier, pouvoir qui donne lieu à des abus contre lesquels on est sans recours. Par suite, et sans pour cela contester l'utilité du régime forestier, on le combat en s'attaquant indistinctement à toutes ses prescriptions ; le seul point par lequel il soit radicalement défectueux est à l'abri de toute atteinte, et c'est cependant vers ce point que convergent tous les mécontentements, car toutes les réclamations que soulève le régime forestier se rapportent finalement à des questions de jouissance.

---

[1] Besançon, 1882. — J. Jacquin, — o. c.

Ce serait, selon nous, une erreur de croire que l'on puisse remédier au mal en augmentant les prérogatives des communes lorsqu'il s'agit de l'aménagement de leurs bois. On ne ferait par là qu'aggraver les conflits. Dans cette voie, il n'y aurait d'issue que la suppression du régime forestier, et ce n'est pas ce que l'on veut. Il faut certainement donner plus de garanties aux communes; en précisant mieux, les relations deviendront meilleures et plus profitables. Mais on doit éviter d'affaiblir l'administration : en matière d'aménagement elle doit avoir le dernier mot; seulement il est de toute nécessité que ses méthodes se justifient par leurs résultats, c'est-à-dire par le contrôle qu'elles doivent porter en elles-mêmes, et qu'il faut simple et accessible à tous.

Dans l'état actuel, l'aménagement ne fait connaître ni le matériel d'exploitation que renferme la forêt ni l'accroissement de ce matériel, et l'on ne peut se rendre compte du rapport existant entre la coupe et l'accroissement. C'est ce que l'on a besoin de connaître, c'est en définitive ce que l'on demande, car les communes entendent jouir de leurs bois, non seulement sans les détruire, mais en les améliorant, et, dans l'état actuel, toutes les questions de jouissance sont tranchées arbitrairement.

C'est donc bien dans le défaut de contrôle de l'aménagement que prennent naissance les abus du régime forestier. Le malaise et le préjudice qui en résultent sont démontrés dans la commune de Syam, et l'instance administrative qui dure depuis dix-huit ans sur l'aménagement de ses bois fait en outre ressortir la nature des réformes nécessaires

---

V. — Extrait de l'introduction [1] de Hartig [2].

« De toutes les opérations relatives à l'économie forestière, aucune n'est plus
» utile ni plus importante que la culture des bois ; c'est par elle que l'on rem-
» place les délivrances annuelles, et que l'on donne à une forêt une durée infi-
» nie.... Dans plusieurs pays on a l'habitude de couper çà et là dans les forêts la
» quantité de bois dont on a besoin pour le chauffage, les constructions et le
» commerce, sans s'*embarrasser* si les coupes se font de manière que les *déli-*
» *vrances* puissent être remplacées par les *reproductions annuelles*, et si la
» consommation est proportionnée au produit des forêts.... Je prie maintenant
» le public de ne point condamner les principes que je mets en avant, sans

---

[1] Instruction sur la culture du bois, à l'usage des forestiers ; ouvrage traduit de l'allemand, de G. L. Hartig, maître des forêts de la principauté de Solms et membre honoraire de la société de physique de Berlin ; par J.-J. Baudrillart, employé à l'administration générale des eaux et forêts. — Paris, de l'imprimerie de C.-F. Patris, 1805.
[2] G.-L. Hartig, né le 2 septembre 1764, fit ses études à l'université de Giessen, et publia, en 1791, son instruction sur la culture du bois, conception systématique de la forêt d'âges gradués, dont il s'imagina découvrir les principes dans des faits incomplètement observés, et qu'il s'efforce de propager, sans prétendre toutefois à l'infaillibilité de la méthode naturelle telle qu'il la donne.

» s'être assuré de leur fausseté, soit par l'expérience, soit par l'examen de prin-
» cipes contraires. Aucun lecteur équitable ne me refusera cette grâce.
    » Hungen, avril 1796.   L'AUTEUR. »

VI. — Extrait de l'instruction sur la culture du bois à l'usage des forestiers [1].

La composition la plus ordinaire des forêts des communes, des seigneurs et des particuliers, est un mélange d'arbres sur le retour, arrivant à l'époque de leur coupe, et de tiges plus ou moins jeunes, parce que jusqu'à présent on a assez généralement abandonné l'exploitation de ces forêts soit à des paysans, soit à des forestiers qui n'en savaient guère plus, et qui, sans s'occuper de l'avenir, coupaient en *jardinant* les arbres les plus beaux et les mieux venants. Cette manière d'exploiter laisse des vides où il vient bien quelques plants, mais qui, privés d'air, de soleil et de pluie, finissent par périr, ou du moins par se rabougrir; et quand quelques-uns réussiraient çà et là, et parviendraient à surmonter tous les obstacles qui s'y opposent, il leur faudrait toujours, pour atteindre à une certaine force, une fois plus de temps qu'il ne leur en eût fallu dans une coupe régulière, et s'ils eussent pu jouir des bienfaits de l'atmosphère; d'ailleurs, un plant qui a été longtemps privé du jour ne promet jamais une belle tige, recevrait-il par la suite toute l'influence du soleil, de l'air et de la pluie. La suite naturelle d'une mauvaise exploitation est, comme on le voit, d'augmenter le nombre des arbres mal venants, et chaque année de détériorer les forêts sous tous les rapports.

Quand une forêt a été mal exploitée, on a beau observer tous les moyens de conservation nécessaires, et diminuer les coupes annuelles, elle ne donne de longtemps des produits aussi avantageux que si elle n'eût contenu que des arbres du même âge, et que si tous les plants eussent pu, chacun selon leur besoin, participer aux principes de la végétation; ce qui est impossible dans ce cas-là.

Ces sortes de forêts ne sont ordinairement peuplées que de petits bois de mauvaise mine, mal venants et rabougris; et cependant, c'est là-dessus que des forestiers ignorants comptent pour le repeuplement des grands arbres qu'on abat annuellement. Quelqu'un conseille-t-il de couper tout ce petit bois, jeune en apparence, mais en effet déjà vieux, et dont l'accroissement est nul, ou du moins sans vigueur, et de ne laisser croître en place que les tiges de plus belle venue, il est accusé de folie par tous les partisans de l'ancien mode. Ordonne-t-il ensuite de ne réserver par arpent qu'un nombre déterminé d'arbres pris parmi ceux du moyen âge, et d'abattre dans un ordre régulier tous ceux déjà vieux, dépérissants et sur le retour, afin de procurer à chaque portion de la forêt tour à tour le repos nécessaire, et pour prévenir d'ailleurs les accidents qui résultent toujours de la chute des arbres et de leur transport dans une exploitation *en jardinant*, on croit qu'il a tout perdu, chacun s'écrie : « C'en est fait de nos forêts;

---

[1] V. la note 1 de la page précédente.

» nous prenions çà et là les arbres dont nous avions besoin, et les coupes ne
» laissaient point de vides; mais si on nous force à couper sur un même canton
» tout le bois qui s'y trouve, sans en épargner le jeune, et à faire des coupes
» réglées et *par éclaircissement*, il se trouvera des vides énormes et nos forêts
» s'anéantiront. »

Telle est donc la ridicule conséquence que l'on tire contre un aménagement régulier, qu'on ne prétend mauvais que parce qu'il laisse apercevoir les
coupes; et il est d'autant plus difficile de détruire ces préjugés, qu'ils ont été
transmis de père en fils comme de bons principes.

Cependant si on demandait aux partisans de l'ancienne méthode : 1° si une
coupe de 10 arbres par arpent, que l'on prend çà et là, n'équivant pas à une
coupe régulière de 1,000 arbres au bout de 100 ans ; et 2° si d'après leur propre
expérience, un plant ne croît pas beaucoup plus vite lorsqu'il est libre que
lorsqu'il est surmonté par d'autres arbres, ne devraient-ils pas convenir de la
supériorité du nouveau système sur leur pratique ?

Je pourrais m'étendre encore sur le travers de leurs idées ; mais je préfère
revenir à mon sujet, et exposer mon système sur l'aménagement régulier des forêts
dont le massif est de différents âges.

VII. — Lettre de Baudrillart.

Paris, 17 ventôse an XIII (28 janvier 1805).

Monsieur,

L'administration générale ayant trouvé que l'ouvrage forestier dont j'avais
annoncé la traduction était écrit dans de bons principes, a voulu l'adresser elle-
même à MM. les conservateurs. Cette marque de l'intérêt qu'elle prend à sa pro-
pagation et les témoignages particuliers de satisfaction qu'elle m'a donnés, tant
sur le choix de mon auteur que sur les soins que j'avais pris à le rendre avec
exactitude, me font espérer que cette traduction obtiendra également votre
suffrage.

Mon espoir est d'autant plus fondé à cet égard que la méthode du célèbre
Hartig est suivie depuis *un grand nombre d'années* dans les forêts de la rive
gauche du Rhin, et que M. Allaire, qui vient de les visiter, a remarqué qu'elle
y avait produit les plus heureux résultats.

Si vous pensez, Monsieur, que l'estime accordée à l'ouvrage soit méritée, et si,
de même que plusieurs de vos collègues, vous désiriez le mettre entre les mains
des agents et des gardes de votre conservation, je vous serais obligé de me faire
connaître le nombre d'exemplaires à vous envoyer.

Je suis avec respect, Monsieur, votre très humble et très obéissant serviteur.

BAUDRILLART.

Prix de l'ouvrage, 2 fr., sans le texte allemand, et 3 fr. 10 avec le texte allemand.

VIII. — Simples réflexions.

Hartig ne donne pas ses principes comme certains, et prie seulement de ne pas les rejeter sans s'être assuré auparavant de leur fausseté. Baudrillart est-il bien exact : 1° quand il dit en 1805 : La méthode du célèbre Hartig est suivie depuis un *grand nombre d'années* dans les forêts de la rive gauche du Rhin ; 2° quand il assimile au jardinage l'exploitation évidemment arbitraire que désirait faire cesser Hartig, et qui consistait à couper çà et là les bois les meilleurs, sans s'embarrasser si les délivrances sont remplacées par les reproductions, ce qui n'est évidemment pas le jardinage ?

Hartig entend faire des coupes *réglées* et *par éclaircissement*, mais dans des bois de même âge, tandis que le jardinage est la coupe réglée et par éclaircissement, suivant la définition de Dumont et l'arrêt du Conseil du 29 août 1730, mais dans des bois d'âges mélangés. Hartig réprouve le mélange des âges, mais il ne l'a évidemment observé que dans les forêts soumises au régime des coupes extraordinaires, faites sans s'embarrasser si les *délivrances* seront remplacées par les *reproductions* annuelles, et non dans la forêt jardinée soumise aux coupes ordinaires qui sont réglées en vue de la conservation et de la reproduction.

IX. — Extrait du premier appel du maire de Syam à ses collègues.

1ᵉʳ novembre 1881.

Les maires et conseils municipaux qui craignent que les communes n'aient trop de revenus, que les habitants n'aient trop de richesse, ne nous liront pas ; mais comme ils sont, autant que j'en peux juger, en minorité, je compte sur une certaine quantité de lecteurs. Les hommes de la campagne sont en général des gens sensés et économes, qui n'aiment pas voir détruire des choses qui pourraient servir. Les cultivateurs de Syam ont vu tant détruire de richesses utiles, ont été si punis toutes les fois qu'ils ont voulu faire les plus humbles observations, qu'ils ne peuvent s'en taire et demandent aide et assistance à leurs collègues, en leur racontant leur lamentable histoire.

Avant d'entrer, aussi brièvement que possible, dans une narration ennuyeuse mais indispensable, nous poserons quelques questions auxquelles nous prions les maires et conseils municipaux de réfléchir :

8*

1° Est-il bon de mettre six ans avant de faire une opération qui peut être exécutée en quelques mois ?

2° Est-il bon de dire tantôt *oui* tantôt *non* sur la même chose, d'affirmer ou de passer sous silence des faits sans se donner la peine de vérifier s'ils sont vrais ou faux ?

3° Est-il bon, quand des bois sont tellement serrés qu'ils ne peuvent croître, de ne pas les éclaircir, parce que, à un kilomètre de distance, d'autres bois ont séché ou ont été renversés par le vent ?

4° Est-il bon, quand on a des réclamations à présenter, que ce soient les gens qui ont fait le mal qui jugent leurs propres actes et aient le pouvoir de punir ceux qui se plaignent d'un dommage subi ?

Nous allons répondre à toutes ces interrogations par des faits attestés par des délibérations de notre conseil municipal, et des documents que nous tenons à la disposition des personnes qui les demanderont.

Le *précomptage* est l'opération qui consiste à dire : Il y a au midi de la forêt des arbres qui ont été renversés par le vent ou ont séché ; nous les compterons dans le nombre des arbres qui auraient dû être abattus soit dans le nord, soit dans l'est, soit dans l'ouest de la forêt, et tant que le midi nous fournira des bois abattus ou séchés, on ne fera aucune coupe dans les parties du bois qui sont trop serrées pour pouvoir se développer. Ainsi, en 1865, comme le vent avait renversé dans une partie de ces bois 555 mètres cubes de bois et que la coupe annuelle devait être, d'après l'aménagement, de 320 mètres cubes, les parties non atteintes durent attendre deux ans avant qu'on appliquât les règles de l'aménagement dans les parties trop touffues de la forêt.

L'administration forestière n'a en réalité aucun système ; elle a une école, mais pas de méthode ; elle n'a dans les procédés qu'elle suit aucune uniformité. Tout est laissé au caprice de ses agents. La commune de Syam en a fait l'expérience : un inspecteur a inventé une coupe dite par bouquets, elle a abouti à faire renverser toute une affectation de ses bois ; la trouée est visible, le chemin de fer va la traverser. Où a-t-on pratiqué des coupes par bouquets, si ce n'est à Syam ? Un agent forestier abat dans les bois de la commune de Fraisans tous les baliveaux, ne laisse rien sur le sol. A Syam, un autre veut surcharger le sol de taillis et d'arbres qui se gênent. Est-ce que des procédés pareils indiquent une méthode, une uniformité de règles ? Quel est l'aménagement qui peut se tenir debout devant le *précomptage* ?

Si les communes essaient de réagir contre ces procédés purement arbitraires et fantaisistes, elles n'ont que le recours en *juridiction gracieuse*, c'est-à-dire l'appel au ministre.

Que se passe-t-il ? Le ministre remet le dossier à l'administration forestière centrale, qui se dit, cela est arrivé à Syam : Punissons cette commune, qui a été assez insolente pour se plaindre de notre manière d'agir.

Que faut-il demander aux Chambres par l'organe de nos députés ? Des juges qui ne soient pas obligés de se juger eux-mêmes.

Il faut demander ce qui existe dans toute administration sérieusement constituée, une hiérarchie réelle dans laquelle le travail d'un inférieur soit sérieusement contrôlé par son supérieur.

Il faut demander que la gestion des bois, leur culture, soit dirigée par des procédés réellement scientifiques, dérivant d'observations faites, comme cela existe pour toutes les branches de la science moderne.

Il faut exiger des preuves réelles et palpables de la bonté des procédés qu'on propose d'appliquer, et renoncer aux romans qui président la plupart du temps aux aménagements des forêts.

Si les maires des communes propriétaires de bois veulent bien s'unir en fournissant chacun des renseignements comme ceux que nous leur donnons; s'ils veulent bien s'adresser au député de leur département pour arriver à faire prendre en considération les demandes que nous faisons, le conseil municipal de Syam, loin de déplorer les pertes qu'a subies cette commune, s'en applaudira, car elles auront amené une amélioration générale pour la France entière. Il n'y a pas seulement les biens des communes, il y a les biens de l'État; ce ne sont pas des centaines de mille francs que l'on pourra récupérer, ce seront des milliards.

Alphonse JOBEZ.

X. — Extrait du deuxième appel du maire de Syam à ses collègues.

1er octobre 1882.

Les populations rurales sont malheureuses dans les efforts qu'elles font pour secouer le joug qui pèse sur elles. Quand, en 1789, les villes étaient depuis longtemps affranchies, les campagnes se trouvaient encore combées sous les dures lois de la féodalité et sous le despotisme des maîtrises forestières. La féodalité a disparu, mais les maîtrises, contre lesquelles réclamaient les départements du Haut-Rhin, du Bas-Rhin, des Vosges, de la Meuse, de la Meurthe, de la Somme, de la Vendée, des Deux-Sèvres, de la Vienne, du Loiret, de la Seine-Inférieure et des environs de Paris, ont reparu malgré les prescriptions données aux députés, dans les bailliages, d'en exiger la transformation complète, s'ils ne concluaient pas à leur suppression et à la gestion des forêts par les municipalités ou les assemblées provinciales d'après des règles arrêtées dans les états généraux.

Pourquoi ces vœux si fermement énoncés par nos pères n'ont-ils pas été exaucés? Il n'est possible d'expliquer un oubli pareil que par les préoccupations d'un ministre qui, chargé de pourvoir à une foule d'affaires, a dû (chercher dans le personnel de ses employés un ancien forestier et lui a dit : « C'est votre spécialité, arrangez cela. » C'était demander à un moine d'organiser son couvent. Le forestier a ressuscité les statuts de son ordre et la corporation a ressaisi avec joie ses corvéables, c'est-à-dire les habitants des campagnes. Une fois rétablie, elle n'a plus voulu faire une concession, et, s'appropriant fièrement un adage bien connu, a répondu à toutes les observations : *Nous serons comme nous sommes, ou nous cesserons d'exister.*

Pour le couvent forestier cela veut dire : *Nous avons le droit d'administrer vos biens comme nous le voulons, vous n'avez rien à nous prescrire, nous ne voulons pas vous donner de comptes, nous n'en tenons pas, nous n'en tiendrons pas, et toute commune qui en sollicite est une indiscrète.*

Cela lui a parfaitement réussi. Si on parle de bois avariés, il ne répond rien ; si on parle d'aménagement, il ne répond rien ou invoque un terme scientifique de son invention, le mot *précomptage*, qui signifie : *Si des bois sèchent dans la forêt de Compiègne, on ne coupera pas des bois dans les environs de Lyon, qui ne croissent pas parce qu'ils sont trop serrés.*

Si la commune, croyant à l'efficacité d'une loi, conteste la valeur d'une pareille donnée scientifique et veut se servir du *recours en juridiction gracieuse*, c'est-à-dire en appeler au ministre, tous les ministres, les uns à la suite des autres, qu'ils soient cléricaux, radicaux, du tiers parti, s'écrient : *Ah ! voilà les ennuyeux.* Ils appellent le grand prieur forestier et lui remettent le dossier en lui disant : C'est votre affaire, arrangez cela.

Si l'on s'adresse aux Chambres, elles renvoient la pétition au ministre, qui sert de boîte aux lettres pour le couvent, et le directeur général des forêts, plaidant la cause de ses confrères en religion, obtient que M. de Mahy lui écrive : « Avant l'avènement de la république, les forêts étaient confondues dans les régies financières ; il lui a semblé qu'elles n'étaient pas à leur place. Le but que l'État doit poursuivre.... n'est pas seulement de procurer au Trésor des recettes....; ce qui importe beaucoup plus, c'est la production et préparation des matériaux nécessaires à l'outillage national...., c'est le maintien, l'amélioration, l'agrandissement du domaine forestier..., la restauration des montagnes, l'extinction des torrents.... Un corps d'inspecteurs généraux a été institué... Une loi nouvelle, destinée à mener à bonne fin la grande œuvre de la conservation et de la restauration des terrains en montagne, a été votée et promulguée.... *Je n'ignore pas que nos collaborateurs ayant pour mission de sauvegarder les intérêts généraux du pays contre des prétentions, des convoitises d'autant plus ardentes que fort souvent elles sont inspirées par le besoin.... sont exposés, plus que d'autres fonctionnaires, à se créer des inimitiés ; je n'ignore pas qu'ayant à gérer les biens patrimoniaux de plus de onze mille communes qui, peut-être, ne se préoccupent pas toujours assez des générations futures, ils courent les risques d'exciter certains mécontentements. Je sais que plus d'une fois ils ont sacrifié leur position plutôt que d'accepter des prétentions illégitimes.... Je sais tout cela, j'accorde une part à l'erreur, à l'injustice, et parfois même à l'indignité des mobiles qui ont pu dicter quelques-unes des plaintes dont il s'agit.... Je me résume en disant à tous : J'ai voulu être avec le continuateur de Lorentz et de Parade, pour ne citer que nos illustres morts.* »

Je n'ai oublié aucun des passages principaux de cette lettre, signée par le ministre, et, en fait, inspirée, si elle n'est pas rédigée, par M. Lorentz, le directeur général.

. . . .

Ne nous décourageons pas, mes chers collègues, ne permettons pas qu'on ajourne la satisfaction à donner à nos demandes jusqu'à l'époque de la revision du Code forestier.

Ne perdez pas de vue que nos plaintes contre les procédés de l'administration forestière datent de *cent* années.

Ne perdez pas de vue qu'il a fallu plus de trente ans pour terminer le Code forestier, promulgué en 1827, Code qui nous a refusé jusqu'à la garantie d'une comptabilité sérieusement établie pour sauvegarder nos richesses et les constater.

Ne perdez pas de vue que vous avez été continuellement livrés par les ministres à l'administration qui dévaste vos forêts et vous accuse sans cesse de tout vouloir détruire.

N'oubliez pas vos souffrances quotidiennes. — Demandez, au moyen de vos députés, une enquête sur les lieux par des personnes qui n'aient pas intérêt à nier la vérité.

Les faits, les statistiques, déposent en votre faveur; faisons un appel constant à la publicité, ce terrible réverbère qui va fouiller les repaires les plus obscurs.

Il est impossible que ceux qui demandent des enquêtes soient toujours présumés dirigés par la passion du mensonge, tandis que ceux qui reculent toujours, repoussent tout contrôle, seraient accueillis comme inspirés par l'esprit de vérité.

Il est impossible que ceux qui donnent des preuves de ce qu'ils avancent, fournissent des dossiers, continuent à être toujours accusés de duplicité, tandis que ceux qui gardent à la fois le silence et les dossiers seraient acceptés comme des gens pleins de loyauté.

Voilà plus de vingt années que la commune de Syam se débat contre des fonctionnaires qu'elle paie, voilà plus de 500,000 francs de ses richesses gaspillées qu'elle signale sans pouvoir obtenir une vue de lieux et des juges.

Il est impossible que les Chambres continuent de refuser aux communes ce qui est de droit commun, ce que le moindre particulier obtient d'un tribunal pour l'intérêt le plus minime.

Les pertes que nous avons subies, les vexations qui nous ont été infligées, nous font un devoir de réclamer le concours de nos collègues. C'est avec notre union, avec de la persévérance, que nous finirons par triompher et par détruire cette sorte de mainmorte que fait peser l'administration forestière sur nos campagnes.

Alphonse JOBEZ.

TABLE DES MATIÈRES

BESANÇON, IMP. DE PAUL JACQUIN.

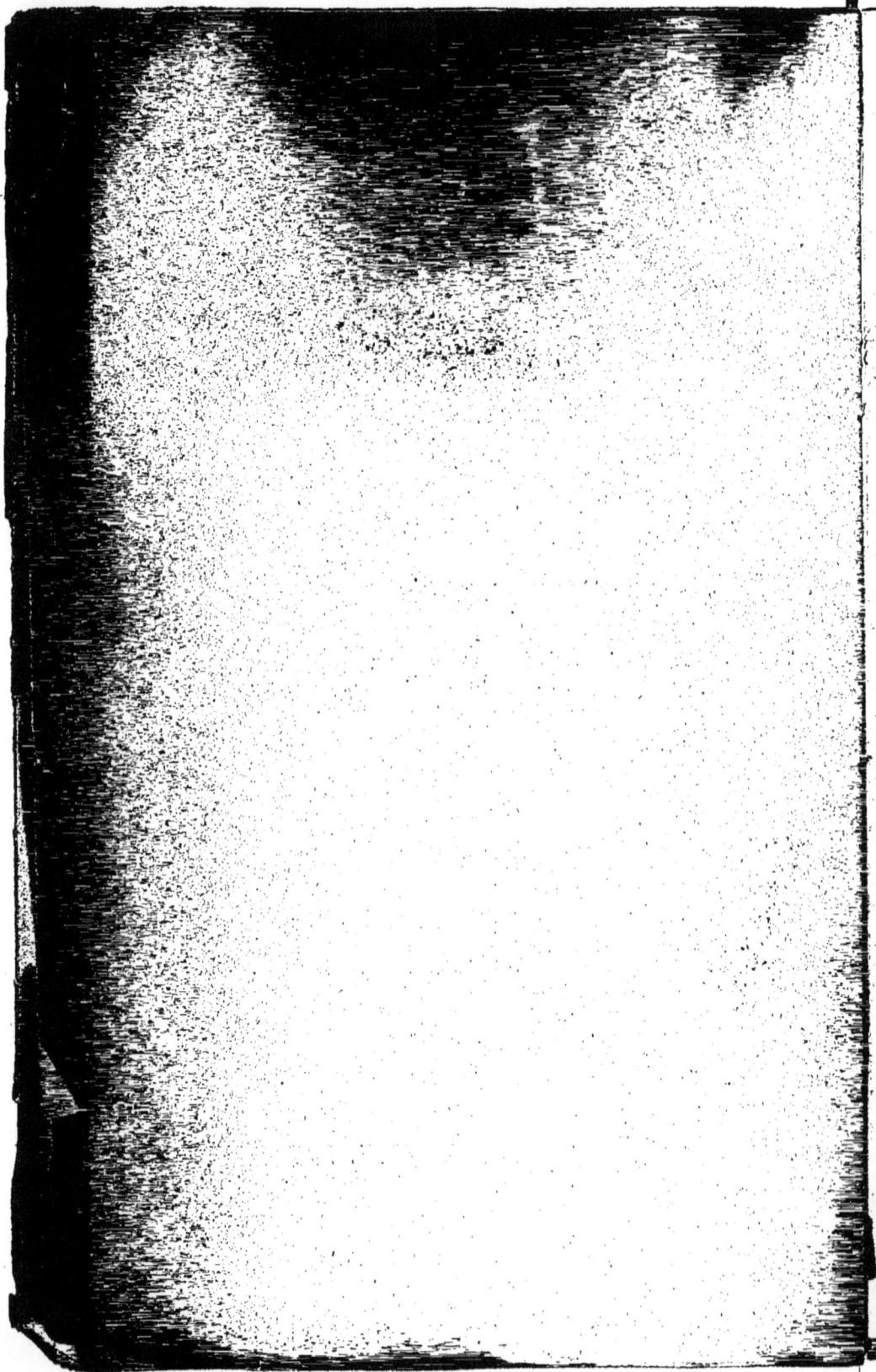

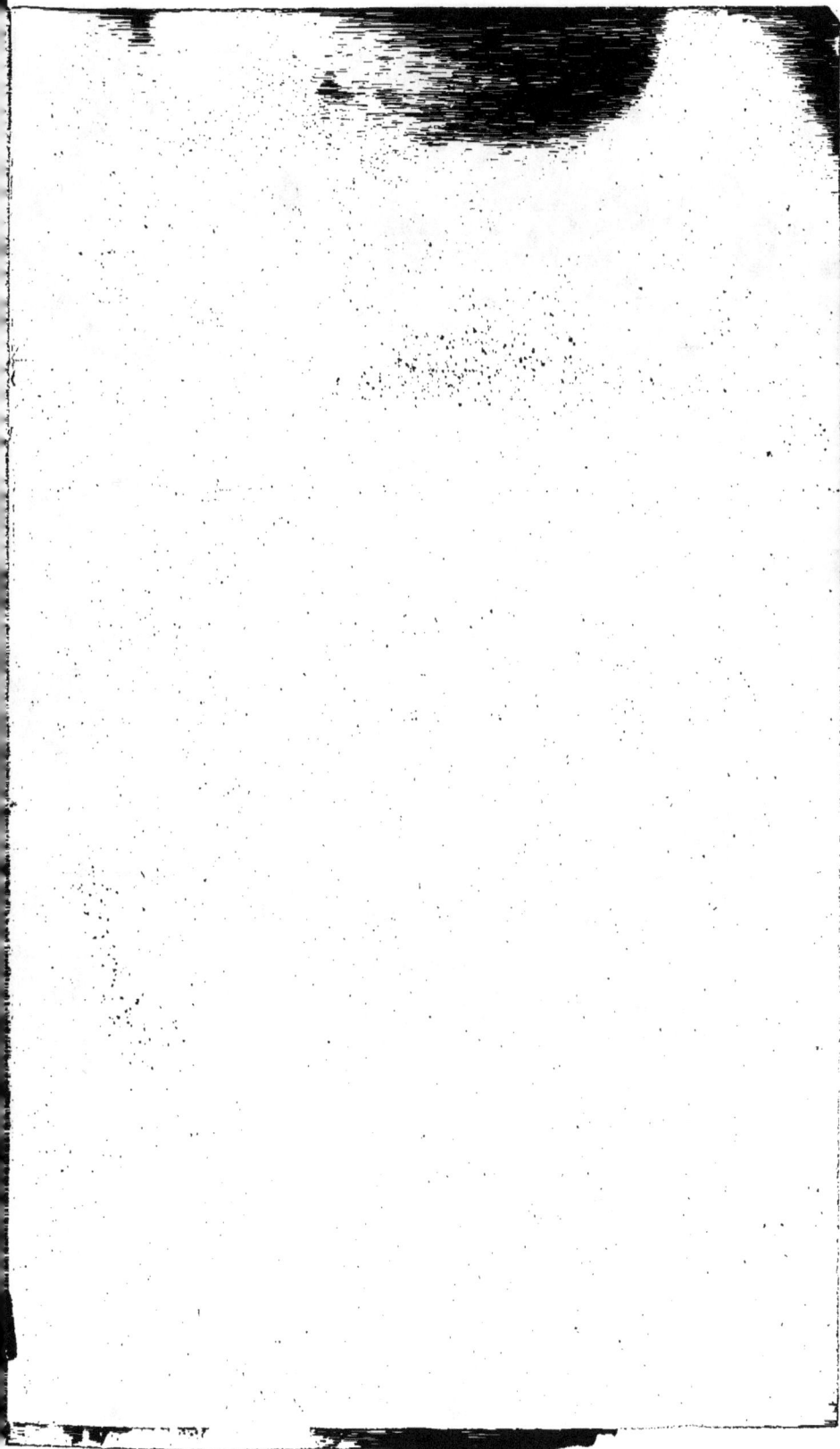

DU MÊME AUTEUR

Mémoire sur la gestion des forêts. J. Jacquin, Besançon, 1865.

Conserver les bois de l'État et réaliser le matériel surabondant. J. Jacquin, Besançon, 1865.

Les bois de l'État et la dette publique. J. Jacquin, Besançon, 1866.

Premier mémoire sur l'aménagement des bois de la commune de Syam ; Expérience d'accroissement ; — Courbes de végétation. J. Jacquin, Besançon, 1867.

Étude des forêts du Risoux ; — Expérience d'accroissement ; — Courbes de végétation. J. Jacquin, Besançon, 1870.

Traité forestier pratique ; — Manuel du propriétaire de bois. J. Jacquin, Besançon, 1870.

Cahier d'aménagement pour l'application de la méthode des coupes par contenance. Bouchard-Huzard, Paris, 5, rue de l'Éperon ; J. Jacquin, Besançon, 1878.

La lumière, le couvert et l'humus étudiés dans leur influence sur la végétation dans les massifs ; — Mémoire à l'Institut. Gauthier-Villars, Paris, 1880.

Deuxième mémoire sur l'aménagement des bois de la commune de Syam. J. Jacquin, Besançon, 1882.

Le contrôle et le régime forestier. R. des E. et F. Paris, 1882.

L'éducation des futaies et le régime du contrôle ; — Journal de l'agriculture. Barral, 8-167, 1883.

La sylviculture française. P. Jacquin, Besançon, 1884.

Troisième mémoire de la commune de Syam. P. Jacquin, Besançon, 1885.

La méthode française et la question forestière. P. Jacquin, Besançon, 1885.

La sylviculture française et la méthode du contrôle. P. Jacquin, Besançon, 1885.

www.ingramcontent.com/pod-product-compliance
Lightning Source LLC
Chambersburg PA
CBHW071152200326
41519CB00018B/5193